W0267710

Hippokrates

Maorifrau. Wo sich die Ureinwohner Neuseelands der zivilisierten Lebensweise angepaßt haben, aber ihre überlieferte Ernährungsform beibehielten, haben sich ihre hervorragende Konstitution und Gesundheit voll erhalten.

Albert von Haller

Gefährdete Menschheit

Ursache und Verhütung der Degeneration

10. Auflage

Hippokrates Verlag · Stuttgart

Die Deutsche Bibliothek – CIP Einheitsaufnahme

Ein Titeldatensatz für diese Publikation ist bei
Der Deutschen Bibliothek erhältlich

1. Auflage 1956
2. Auflage 1967
3. Auflage 1971
4. Auflage 1977
5. Auflage 1980
6. Auflage 1986
7. Auflage 1990
8. Auflage 1994
9. Auflage 1997
10. Auflage 2001

ISBN 3-7773-**1698-9**

Unsere Homepage: http://www.hippokrates.de

Printed in Germany 2001
Druck: Gutmann & Co., Talheim

INHALT

VORWORT ZUR 9. AUFLAGE

Die Gedanken, die der Autor der 8. Auflage dieses Buches mitgab, sollen auch die 9. Auflage auf dem Weg zum Leser begleiten. Ein weiterer Hinweis zur Einführung: Im ständigen Wechsel der Meinungen, aber auch der Bedrohungen im Bereich der Ernährung wird die Bedeutung der *bleibenden* Grundregeln deutlich. Diese Grundregeln jeder, die Gesundheit fördernden Ernährung werden in jenen Erfahrungen überzeugend erkennbar, die weltweit in vielen Zeiten und unterschiedlichen Kulturen gemacht wurden und von Forschern aufgezeichnet sind.

Stuttgart, im Frühjahr 1997 *Albert v. Haller*

VORWORT ZUR 8. AUFLAGE

Die lebhaften Diskussionen zwischen Gelehrten und Ungelehrten, die die 1. Auflage dieses Buches auslöste, sind verstummt, die Bedeutung der dargestellten Tatsachen ist anerkannt, und doch ist die Aufklärung, die der Autor anstrebte, nicht vollständig erreicht.

Die Wirkung einer Nahrung ist bei isoliert lebenden Naturvölkern eindeutig zu erkennen, weil die Menschen dieser Gemeinschaften sich gleichartig ernähren, der Speisezettel beschränkt ist, und unkontrollierbare, individuelle Abweichungen fehlen. – Traditionelle Ernährungsarten sind in Jahrhunderten herangereift, sie haben über lange Zeiträume Völker gesund und leistungsfähig erhalten, und sie haben keine Degenerationen verschuldet. Mit diesen Erfahrungen haben frühere Generationen der Menschheit ein Erbe hinterlassen, das man als „vorwissenschaftliche Erfahrungsmedizin“ betrachten kann, weil die Wirkung auf die Gesundheit erprobt war, aber nicht erklärt werden konnte.

Das Geheimnis der Gesundheit von Völkern ohne wissenschaftliche Erkenntnisse hat viele Forscher angezogen und beschäftigt. Sie haben mit modernen Methoden die Nahrung der Naturvölker untersucht. Unter ihnen nimmt der Amerikaner *Weston A. Price* eine hervorgehobene Stellung ein. Unermüdlich hat er die Welt bereist, um an Ort und Stelle die verschiedensten Ernährungsarten und deren Wirkung auf die Gesundheit zu erforschen. Der Augenschein genügte *Price* nicht, er hat überall die Bestandteile der Kost analysiert und die von ihr lebenden Menschen untersucht. *Price* hat als Zahnarzt begonnen, und so fiel ihm schon früh der Zusammenhang zwischen der Nahrung, der Gesundheit der Zähne und der Gesundheit im ganzen auf. – Die ungewöhnlichen Reisen dieses Forschers auf der Suche nach der verlorenen Gesundheit werden in diesem Buch erzählt und in einen größeren Zusammenhang gebracht. – Der Blick auf die Lebensart der Naturvölker, der Blick zurück, bedeutet natürlich keine wehmütige Erinnerung an ein schönes „Es war einmal“. Wir können nicht zu den Bräuchen der Vorväter zurückkehren, es wäre nicht einmal wünschenswert. Aber wir können aus den alten Erfahrungen lernen, sie nutzen und wichtige Antriebe gewinnen.

Die bleibende Bedeutung der hier beschriebenen Forschungen ergibt sich aus ihrer Nichtwiederholbarkeit. Die Revolution der Ernährung, die in unserem Jahrhundert die gewohnten Nahrungsmittel in aller Welt verändert oder ausgewechselt hat, traf auch die Naturvölker mit voller Wucht. Dieser Bruch hat auch den Autor überrascht. Wo ich im tropischen West-Afrika in den fünfziger Jahren bei den Gio, den Vai, den Bassa und anderen Völkern die altgewohnte Ernährungsweise noch ungestört vorfand, sind heute die neuen Nahrungsmittel bis in die entlegenen Dörfer vorgedrungen, zwar Mittel zum Überleben, aber keine Wächter der Gesundheit mehr. Das bedeutet: vergleichende Forschungen sind nicht mehr möglich. Aus diesem Grunde erscheint die neue Auflage unverändert.

Die Statistik der Krankheiten zeigt sich uns als ein Wechselspiel, eine Abnahme hier, eine Zunahme dort. In unserem Zusammenhang müssen wir die Ausbreitung der ernährungsabhängigen Leiden und Krankheiten beachten. Sie demonstriert, daß die hohe Bedeutung der Ernährung für unsere Gesundheit nicht ernst genug genommen wird. Wir könnten mehr Gesundheit haben, denn wir besitzen die dazu notwendigen Kenntnisse und Mittel. Was bedeutet Nahrung grundsätzlich? Diese Frage hat der Nobelpreisträger *Schroedinger* sehr knapp und sehr genau beantwortet: „Das Aufsaugen von Ordnung". Da Ordnung im Organismus Gesundheit, Unordnung aber Krankheit bedeutet, so wird deutlich, daß es nicht nur ums Sattwerden geht. Es kommt auf die Zusammenstellung und die biologische Qualität unserer Lebensmittel an. Das, was wir Tag für Tag zu uns nehmen, ist zu wichtig, als die Entscheidung darüber dem Zufall, einer Gewohnheit oder der Bequemlichkeit zu überlassen. Der Autor möchte auch mit der neuen Auflage seines Buches zu dieser Einsicht beitragen.

Stuttgart, im Frühjahr 1994 *Albert v. Haller*

I. Teil

DIE ÜBERLIEFERUNG DER PRIMITIVEN

Ein Arzt bricht auf

Der Ausgangspunkt eines höchst ungewöhnlichen Weges, der durch alle Erdteile und durch die verhängnisvollsten Probleme der zivilisierten Menschheit führen sollte, ist so alltäglich gewöhnlich, daß man geringschätzig lächeln könnte und sich fragt, wie denn aus einer so speziellen und fachlich begrenzten Tätigkeit Einsichten und Forschungsergebnisse von allgemeinster Bedeutung kommen konnten.

In einer Millionenstadt des Staates Ohio in den Vereinigten Staaten geht der Zahnarzt Dr. *Weston A. Price* seinem Beruf nach, dieser so notwendigen, ja immer notwendiger werdenden Tätigkeit an einer Stelle, an der die Natur offenbar versagt. Wie Tausende seiner Kollegen bohrt *Price* emsig in den Zähnen seiner Patienten und füllt die sich immer aufs neue bildenden Löcher, bis schließlich das ganze Gebiß ersetzt werden muß, und die Kunst über die unvollkommene Natur triumphiert.

Aber ist die Natur an diesem entscheidenden Punkt, der Bildung der Zähne, wirklich so unvollkommen? Wir kennen Säugetiere, die vor 50 Jahrtausenden gelebt haben und deren vollständig erhaltene Zähne heute noch aus der Erde gegraben werden. Wunderschön glänzt der Schmelz der Zähne des vorgeschichtlichen Höhlenbären in unseren Museen und bezeugt, daß der Zahnschmelz die härteste Substanz des ganzen Wirbeltierkörpers ist. Und nicht viel anders verhält es sich mit dem menschlichen Gebiß: zehntausend Jahre und mehr kann ein menschlicher Zahn allen zersetzenden Einflüssen, Witterungsschwankungen und Bakterien, widerstehen, wenn sich alle anderen Teile des Körpers schon lange aufgelöst haben. Sollte da die Ursache des Zahnverfalls vielleicht nicht bei der Unvollkommenheit der Natur, sondern beim modernen Menschen liegen?

Der Zahnverfall hat in unserem Jahrhundert solche Ausmaße angenommen und wächst wie eine immer rascher rollende Lawine, daß sich Zahnärzte und Hygieniker in aller Welt mit diesem Problem befassen. Und es werden viele fachlich wohlbegründete Forderungen aufgestellt: Zahnbehandlung von frühester Kindheit an, ständige Kontrollen, Beimengung von Fluor zum Wasser und eine Fülle anderer allgemeiner und spezieller Maßnahmen.

Aber *Price* ahnt, daß man hier an den Symptomen kuriert und dabei die Ursachen mehr verdeckt als behebt. Seine Tätigkeit als Zahnarzt scheint ihm mehr und mehr ein hoffnungsloser Kampf gegen eine tausendköpfige Hydra zu sein, wo man ihr ein drohendes Haupt abschlägt, wachsen zehn hinterher. Das Wissen der Zahnheilkunde nimmt bewundernswert zu, die Zahl der Zahnärzte steigt, die Schulhygiene ist vorbildlich — aber in noch rascherem Tempo steigt der Zahnverfall an.

Doch wenn es nur die Gebisse der Menschen gewesen wären, eine Einzelerscheinung in einer sonst heilen Welt, dann hätte diese Entwicklung einem Manne, den die Zukunft des Menschengeschlechts beschäftigt, keine schlaflosen Nächte bereitet. Je tiefer *Price* in das Problem des Gebißverfalls eindringt, um so stärker drängt sich ihm der Eindruck auf, daß zwischen dieser Erscheinung und den Zeichen allgemeiner Degeneration Zusammenhänge bestehen, ja daß noch zum Absinken der Begabung und zum Ansteigen der Geisteskrankheiten und der Kriminalität geheimnisvolle und schicksalsschwere Verbindungen führen.

Price hatte beobachtet, daß in Familien mit besonders stark von Karies befallenen Zähnen sehr häufig auch eine Verengung der Zahnbögen und Veränderungen der Gesichtsbildung festzustellen sind, Veränderungen, die man nur als Verkümmerung oder Degeneration bezeichnen kann. Systematische Untersuchungen in den Vereinigten Staaten ergaben, daß im Durchschnitt 25 Prozent der Bevölkerung eine Verengung der Zahnbögen aufweisen und daß sich dieser Prozentsatz in manchen Gegenden bis zu 50 und 75 vom Hundert erhöht. Diese offensichtlichen Entwicklungsstörungen können zu einem Teil durch den Zahnarzt gebessert werden. Durch die Richtigstellung der Zähne ist auch die Gesichtsform günstig zu beeinflussen, aber die Unterentwicklung des Brustkorbes und der Beckenknochen, die diesen Degenerationserscheinungen vielfach parallel geht, ist durch keine Korrekturen zu verbergen.

Tuberkulose und Zahnkaries fallen den Menschen oft gemeinsam an. Ausgedehnte Beobachtungen zeigen *Price*, daß Kinder mit einer Herzentzündung fast ausnahmslos auch an akuter Zahnkaries leiden (95%). Eigene systematische Forschung und die Ergebnisse anderer Wissenschaftler sollten *Price* später über diese Zusammenhänge bedeutungsvolles, exaktes Material liefern, aber jetzt schon, zu Anfang seiner entscheidenden Erkenntnisse, wird ihm mit fast visionärer Klarheit bewußt, daß Zahnverfall niemals ein isolierter Vorgang sein kann, daß es sich vielmehr nur um ein einzelnes, besonders in die Augen fallendes Symptom eines allgemeinen Krankheitsgeschehens handelt.

Price schreibt ein großes zweibändiges Werk über Zahninfektionen und Degenerationskrankheiten. Das zusammengetragene Material läßt den Schluß zu, daß die Ursache dieser heute allgemein verbreiteten Erscheinungen nicht in den erkrankten Teilen des Körpers liegt und daß die betroffenen Kranken eher am Fehlen irgendwelcher Stoffe leiden als an einem Zuviel schädigender Faktoren.

Klinische Erfahrungen hatten *Price* schon früh auf den Zusammenhang zwischen Ernährung und Zahnbildung gebracht. Er hatte bereits 1913 eine Arbeit über die Schädigung der Zahnbildung bei Kindern veröffentlicht. Mit Hilfe von Röntgenbildern konnte er eindeutig nachweisen, daß sich beim Gebrauch gewisser vielgerühmter Kindernährmittel lange vor dem Durchbruch bleibende Defekte an den Zähnen bilden. Der Nachweis einer gemeinsamen Ursache von Zahninfektionen und allgemeinen Degenerationserscheinungen war *Price* in seinem großen Werk nicht geglückt, aber es war ihm doch nicht zweifelhaft, daß ein Zusammenhang zwischen diesen Krankheitsvorgängen besteht und daß sie von der Ernährung beeinflußt werden.

Um den Weg, den die Überlegungen von *Price* jetzt nehmen, zu kennzeichnen, sei ein Fall aus seiner Praxis angeführt. – In einer Zeit wirtschaftlicher Depression war ein *Price* befreundeter Geistlicher in ein Arbeiterviertel von Cleveland gerufen worden, um ein sterbendes Kind zu taufen. Der Geistliche sah sich veranlaßt, den in ähnlichen Fällen schon erfolgreich gewesenen Arzt und Zahnarzt zuzuziehen. *Price* fand einen viereinhalbjährigen Jungen, der seit 8 Monaten an immer häufiger auftretenden Krämpfen litt. Er war völlig abgezehrt, wies eine ausgebreitete Zahnkaries auf und hatte heftigen bronchialen Husten. Vor mehr als zwei Monaten war er bei einem Krampfanfall im Zimmer gefallen und hatte sich ein Bein gebrochen. Das Bein war in Gips, aber der Bruch war auch nach 60 Tagen noch nicht geheilt, wie eine Röntgenaufnahme zeigte. Die Ernährung des Jungen bestand aus Weißbrot und Magermilch, während er zur Heilung des gebrochenen Knochens eine an Kalk, Phosphor und Magnesium reiche Nahrung nötig gehabt hätte. Seine Krämpfe gingen auf den niedrigen Kalkgehalt seines Blutes zurück. – Die Behandlung durch *Price* bestand in einer Änderung der Ernährung. Der Junge erhielt an Stelle des weißen Brotes einen Brei aus frisch gemahlenem Vollweizen, statt Magermilch Vollmilch und zu jeder Mahlzeit einen Teelöffel besonders vitaminreicher Butter. Schon in der ersten Nacht nach dieser Mahlzeit schlief das Kind erstmalig ohne Krämpfe. Die Krämpfe wiederholten sich auch nicht, die Wiederherstellung ging mit Riesenschritten vorwärts, und der Beinbruch heilte im Laufe eines Monats vollständig. Als der Geistliche sechs Wochen nach Einführung der vollwertigen Kost seinem Schützling einen Krankenbesuch machen wollte, sah er den Jungen beim Spiel mit anderen Kindern mühe los über einen Zaun klettern.

„Was würden wir von Leuten sagen“ – schreibt *Price* in Verbindung mit diesem Fall –, „die ihre Einrichtung verheizen, um sich zu wärmen, wenn es genügend Brennmaterial gibt! Und doch tun wir genau das gleiche mit unseren Knochen. Wir borgen von ihnen laufend die Stoffe, die wir versäumen, täglich mit unserer Nahrung zu uns zu nehmen. Der erwähnte kleine Patient brach sich das Bein nicht, weil sein Fall sehr heftig war, sondern weil der Blutstrom sich die Mineralstoffe von den Knochen geborgt hatte, um den Gehalt an Mineralien, besonders von Kalk und Phosphor, im Blut und in den Gewebeflüssigkeiten auf der notwendigen Höhe zu halten. So borgte er durch Monate von seinem Knochengerüst. Er konnte nicht einmal die in seiner Mangelnahrung enthaltenen Mineralstoffe absorbieren, weil ihm die dazu nötigen Vitamine fehlten. Kalk und Phosphor waren zwar in der Magermilch enthalten, aber es fehlten dem Jungen die Wirkstoffe des Butterfettes, um sie verwerten zu können.“

So aufschlußreich solche Fälle auch sein mögen und so zwingend sie auf die Richtung der Weiterarbeit weisen, sie befriedigen *Price* nicht. Als Zahnarzt kommt er sich wie ein Flickschuster vor, dem minderwertige Schuhe aus schlechtem Material zur Ausbesserung gebracht werden. Mit Flicken, mit Pasten und mit Bürsten läßt sich ein kurzfristiger Glanz erzielen. Aber sollte man nicht lieber auf die Schuhfabrik einwirken, bessere Schuhe herzustellen? Die Untersuchung von Kranken und kranken Geweben ist notwendig und verdienstvoll, aber läßt sich allein damit das Problem der degenerierenden Menschheit lösen? Soll man warten, bis sichtbare Krankheitszeichen auftreten, und sie dann untersuchen und behandeln? Und wenn schließlich die Zahnkaries, wie zu vermuten ist, kein lokales Geschehen, keine örtlich beschränkte Infektion ist, sondern ein erstes sichtbares Warnzeichen für einen allgemeinen Mangel an Gesundheit – ist sie nicht verbreitet genug, daß man sich durch sie alarmieren lassen und weitere Schäden verhüten sollte?

Zum besseren Verständnis der Fragen, die *Price* – und nicht nur ihn allein – quälen, muß man sich den düsteren Hintergrund vergegenwärtigen, vor dem sich heute jede ärztliche Arbeit abspielt.

Sogar dann, wenn man den Gebißverfall des modernen Menschen nicht als Symptom eines allgemeinen Degenerationsprozesses, sondern als Einzelgeschehen betrachtet, sind seine weiterwirkenden Folgen im höchsten Grade bedenklich. Ein Anthropologe, Professor an der Harvard-Universität, Dr. *Earnest A. Hooton*, urteilt: „Ich bin der festen Überzeugung, daß die Gesundheit der Menschheit auf dem Spiele steht und daß der Gang der Entwicklung des Menschengeschlechts abwärts bis zum völligen Verlöschen führen wird, falls keine Schritte zur Verhütung des Zahnverfalls und zur Regeneration der Kieferverbildungen gemacht werden ... Kurz gesagt stehen wir der Tatsache gegenüber, daß die Zähne und der Mund des Menschen zu einem Infektionsherd geworden sind, der die gesamte physische Gesundheit unserer Art untergräbt, möglicherweise unter dem Einfluß der Zivilisation. Dadurch hat sich die Tendenz zu einer degenerativen Entwicklung in solchem Ausmaß durchgesetzt, daß unsere Kiefer für die ihnen bestimmten Zähne zu schmal geworden sind und, als Folge davon, die Zähne so ungeordnet durchbrechen, daß ihre Aufgabe ganz oder doch beinahe in Frage gestellt ist." [31])

Bietet bereits ein Teilgebiet vom höheren Standpunkt des Anthropologen ein so bedrohliches Bild, so verstärkt sich dieser Eindruck noch, wenn man den Blick auf den Gesundheitszustand ganzer Völker richtet. In den Vereinigten Staaten kommen auf 100 Schwangerschaften 25 Totgeburten, davon zeigen jeweils 15 schwerste Mißbildungen auf. Von den 75 lebend Geborenen zeigen schon in den ersten 15 Lebensjahren 37%, also 27,7 Individuen, Gebrechen. So ergibt sich, daß von 100 Schwangerschaften rund 52 Kinder entweder nicht ins Leben treten oder eine Belastung für die Gemeinschaft bedeuten. Die gesamte Arbeit und Verantwortung für das öffentliche und private Leben ruht auf den verbleibenden 47%, jeweils 23 Männern und 23 Frauen. Aber von diesen 23 Männern sind nach amtlichen Unterlagen wiederum nur 60% für den Militärdienst tauglich. [9])

Der Leiter des Gesundheitswesens der Vereinigten Staaten, *Parran*, hat eingehende Erhebungen über den Gesundheitszustand der amerikanischen Bevölkerung angestellt. Auch wenn man statistischen Zahlen nur einen bedingten Wert beimessen mag, so wird doch auch der stärkste Vorbehalt die Alarmzeichen dieser Untersuchungen nicht entkräften können. Schon vor Jahren war jeden Tag einer von 20 Amerikanern zu krank, um seiner Beschäftigung nachzugehen oder die Schule zu besuchen. Vergleicht man die Zahl der Krankheitsfälle mit der Bevölkerungszahl, so ergibt sich, daß jeder Mann, jede Frau und jedes Kind in Amerika 10 Tage im Jahr unpäßlich ist, daß der Jugendliche 7 Tage im Jahr im Bett zubringt, während der Erwachsene im Durchschnitt 35 Tage im Jahr krank im Bett liegt. Oder andere Zahlen aus der gleichen amtlichen Quelle: 2,5 Millionen Amerikaner sind wegen chronischer Krankheiten – Herzleiden, Arterienverkalkung, Rheumatismus, Nervenkrankheiten – in dauernder Behandlung. 1 Million sind unheilbare Krüppel. [51])

Wo auch immer in einem begrenzten Gebiet umfassende Erhebungen über die Gesundheit angestellt wurden, ergibt sich das gleiche unheilvolle Bild. Für den Staat Vermont hat *Pearce Bailey* eingehende Untersuchungen durchgeführt. In diesem kleinen Staat ohne Großstädte glaubte man eine ungewöhnlich gesunde Bevölkerung erwarten zu dürfen. Auf je tausend Einwohner fand *Bailey* jeweils 30 Idioten, die über den Zustand eines Achtjährigen niemals hinauskamen, und 300 Personen, die geistig so zurückgeblieben waren oder eine so geringe Intelligenz zeigten, daß sie, wenn nicht der Pflege, so doch der Überwachung bedurften. Also ungefähr ein Drittel der Bevölkerung. [70])

Es soll an dieser Stelle nicht näher auf den Umfang und die Ursachen der degenerativen Krankheiten der Menschheit eingegangen werden, es ist zweifellos eine Entwicklung, die jede Familie und jeden einzelnen Menschen bedroht.

Schon dieser kurze Blick auf die schwindende Gesundheit wird es aber verständlich machen, warum ein Zahnarzt sich heute vor einer völlig neuen Aufgabe und Verantwortung findet. Erkennt man den Gebißverfall als eine Teilerscheinung eines allgemeinen Verfalls der Gesundheit an, dann steht der Zahnarzt nicht mehr „nur" vor dem Problem der kranken Zähne. Vielleicht ist er dann der erste, der die erste sichtbare Warnung vor einer drohenden Gefahr bemerkt, zu einem Zeitpunkt, in dem noch Hilfe möglich ist. Und was sonst in der Medizin der Krebs, das ist in der Zahnheilkunde die Karies. Ein deutscher Nobelpreisträger meinte kürzlich, daß man den Arzt unserer Zeit danach beurteilen werde, wie er mit dem Krebsproblem fertig geworden ist. [64]) Vielleicht wird man die Zahnheilkunde von heute danach einschätzen, wie sie das Kariesproblem löst.

Das sind die Gedanken, die *Price* bewegen. Sie führen ihn schließlich zum entscheidenden Einfall, lassen ihn sein Kolumbusei finden. Geniale Einfälle, einmal ausgesprochen, erscheinen oft genug banal; jeder glaubt, sie auch für sich in Anspruch nehmen zu können. Der Gedanke, den *Price* faßt und der ihn sein Leben lang nicht mehr freigeben wird, ist dieser: Wenn man den Degenerationserscheinungen auf den Grund kommen will, wenn man die Hoffnung nicht aufgibt, sie zu verhüten, dann kann man sich nicht darauf beschränken, die Krankheit und die Kranken zu studieren, sondern man muß den vollgesunden Menschen, seine Umwelt und seine Lebensweise zum Gegenstand wissenschaftlicher Untersuchung machen. Über das Wesen und die Voraussetzungen der Gesundheit wird nicht der Kranke, sondern der kerngesunde Mensch die überzeugende Antwort geben.

Aber wer ist in den Vereinigten Staaten, wer ist in den Ländern der Zivilisation kerngesund? Es ist bezeichnend, daß wir uns daran gewöhnt haben, einen Menschen, der frei von sichtbaren und fühlbaren Leiden ist, als gesund zu betrachten. Aber volle Gesundheit ist etwas anderes, sie steht auf einer viel höheren Stufe: sie bedeutet die volle Entfaltung aller dem Menschen gegebenen Möglichkeiten. Es mögen sich viele in diesem Sinne vollgesunde Menschen in den Ländern der Zivilisation befinden. Aber wo gibt es noch geschlossene Volksgruppen, von denen man das im ganzen sagen darf?

So beschließt *Price* zu reisen. Und der neue Gedanke ergreift ihn mit solcher Gewalt, daß er von nun an in fast fieberhafter Aktivität sein Leben der einen Aufgabe weiht: die vollkommene Gesundheit zu finden. Mit der gleichen Besessenheit, mit der einst nach dem Stein der Weisen, nach dem Elixier des Lebens oder nach dem heiligen Gral geforscht und gesucht worden ist, geht *Price* auf die Suche nach der vollkommenen Gesundheit. In dem Augenblick, in dem ihn diese Idee packt, weiß er noch nicht, daß er Zehntausende von Kilometern durch alle Erdteile wird reisen müssen, daß er durch Jahre hindurch Tausende von Nahrungsproben aus aller Welt untersuchen, einen weitgespannten Briefwechsel mit Ärzten, Hygienikern, Anthropologen, Gelehrten und Ungelehrten führen, Patienten und Versuchstiere beobachten wird, ehe er Klarheit über das ungeheure, verhängnisvolle Experiment gewinnt, das die Zivilisation mit der Menschheit anstellt.

Das Bild der gefährdeten Zivilisation, wie es sich *Price* in schlaflosen Nächten darstellt, wie es ihn aus den sich auf seinem Schreibtisch häufenden Lageberichten aus aller Welt anstarrt, ist dieses: eine fröhliche Kahnpartie, die ahnungslos einem nahen Wasserfall zutreibt. Alles in *Price* bäumt sich gegen die Vorstellung auf, die degenerative Entwicklung der zivilisierten Menschheit sei zwangsläufig. Er sieht darin nur eine unbewiesene und unbeweisbare Behauptung der Fatalisten. Könnte sich nicht die ganze Besatzung des gefährdeten Bootes retten, wenn sie die Gefahr erkennen würde und die Hilfsmittel gewiesen bekäme? Und wenn es die Gesamtheit nicht wünschen sollte, wenn ihr der Entschluß zur Kursänderung zu schwerfiele, dann sollte wenigstens dem einzelnen Menschen die Möglichkeit gegeben werden, sich aus dem verhängnisvollen Getriebenwerden zu lösen.

Die Vorstellung, daß eine Menschheit, die ihre Umwelt und ihre Lebensgestaltung so weitgehend beherrscht, wie das noch in keiner früheren uns bekannten Epoche der Fall war, daß diese Menschheit an der Aufgabe, ihre Gesundheit zu erhalten, scheitert – diese Vorstellung erscheint *Price* zu grotesk, um sich passiv mit ihr abzufinden. Die Wissenschaft, Mehrerin und Hüterin unseres Wissens, muß den Weg zur Gesundheit weisen, aber wir können nicht warten, bis alles erforscht, erkannt, dargestellt und wissenschaftlich sanktioniert ist. Vielleicht würde das erst bei der Sektion des letzten Menschen der Fall sein. Wir müssen auch die Natur in ihrer Fülle und Kraft beobachten und auch dort, wo die Erklärungen noch fehlen, die Tatsachen, die Erfahrungen sprechen lassen.

Die weißen Flächen auf den Landkarten sind verschwunden, geographisch ist die Welt entdeckt. Aber wir haben dabei das Geheimnis der Gesundheit verloren. Läßt es sich noch irgendwo in der Welt entdecken, ehe seine letzten Bewahrer dahingehen? Es kann keine Theorie sein, sondern das Geheimnis einer Lebensführung.

Mit solchen Gedanken bricht *Price* zu seinen großen Forschungsreisen auf, beginnt er die Abenteuer eines Schatzsuchers, der nach der verlorengegangenen Gesundheit sucht.

Unter den Eskimos von Alaska

Wenn man die Karte der Welt betrachtet und sich vorstellt, unter welch verschiedenartigen Bedingungen sich das Leben entfaltet, so wird man finden, daß die arktischen Gebiete die härtesten Anforderungen stellen. Die Natur unterwirft ihre Geschöpfe an der Todesgrenze des ewigen Eises einer Prüfung, die nur wenige bestehen. Nur jene Säugetiere, die zu den am höchsten entwickelten Arten ihrer Gattung gehören, sind fähig, den arktischen Umweltbedingungen standzuhalten.

Und auch dem Menschen scheint die Natur im hohen Norden alles versagt zu haben, was sein Leben erleichtert und begünstigt. Die lebenspendende Sonne ist monatelang kaum zu sehen, der Pflanzenwuchs ist äußerst spärlich, Landbau und Gartenkultur sind unmöglich; eisige Kälte, heftige Stürme und die Armut an Lebenshilfen stellen an die Gesundheit des Menschen die höchsten Ansprüche. Wenn es Menschen gelang, solchen übersteigerten Prüfungen, solchen äußersten Beanspruchungen physischer und psychischer Art zu widerstehen, dann müßte bei ihnen etwas über die Voraussetzungen menschlicher Gesundheit zu erfahren sein.

Vor allem waren es die Eskimos in Alaska, die *Price* anzogen. Während in anderen Teilen der Welt die Geschichte ihr wechselvolles Spiel trieb, Völker und Kulturen kamen und vergingen, waren die Eskimos seit Jahrtausenden im Zustand des Steinzeitmenschen geblieben. Was war es, das sie, die nur in kleinen Gemeinschaften lebten, unter so ungünstigen Lebensbedingungen durch so ausgedehnte Zeitepochen hindurch vor Degenerationserscheinungen bewahrt hatte? Denn über den hervorragenden Gesundheitszustand unberührter Eskimostämme lagen ausreichende Berichte kompetenter Beobachter, wie *Rasmussen* oder *Stefansson*, vor.

Natürlich war es notwendig, solche Siedlungen der Eskimos aufzusuchen, die noch unabhängig von den zivilisierten Gebieten Alaskas waren. Zwar haben viele Eingeborene auch in den Grenzbezir-

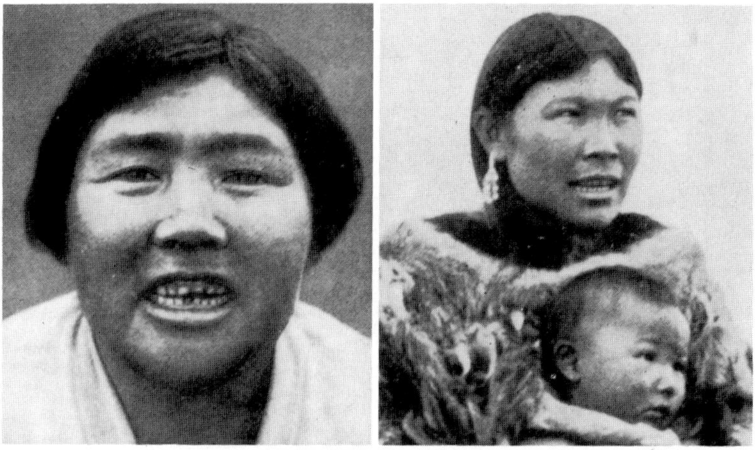

Eskimofrauen aus Alaska mit dem für ihre Rasse typischen breiten Gesicht. Die Frau links lebt zivilisiert, ernährt sich aber nach alter Weise; sie hat einen abgebrochenen Zahn, aber sonst ein vollständiges Gebiß. Mutter von 26 Kindern. – In den Gebieten ohne Berührung mit der Zivilisation sind Typen wie die Frau rechts die Regel, Abweichungen höchst selten.

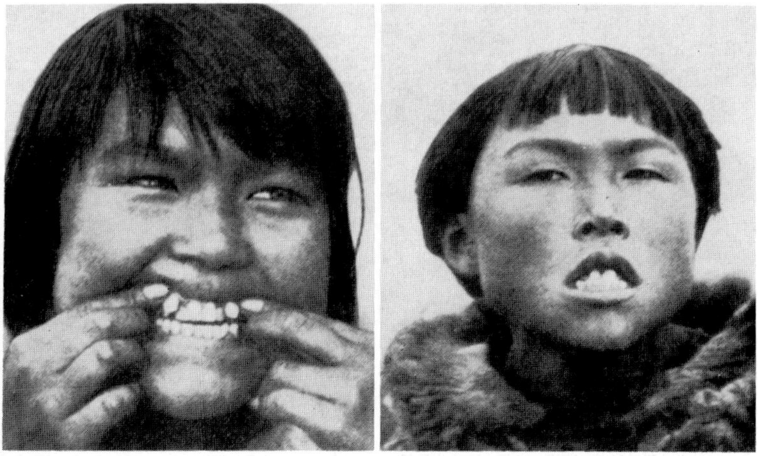

Eskimokinder, deren Eltern vor ihrer Geburt die Primitivkost aufgegeben haben. Die am häufigsten auftretenden Konstitutionsveränderungen: Verengung des Gesichts, vor allem der Nase und der Zahnbögen, Mißbildungen des Gebisses.

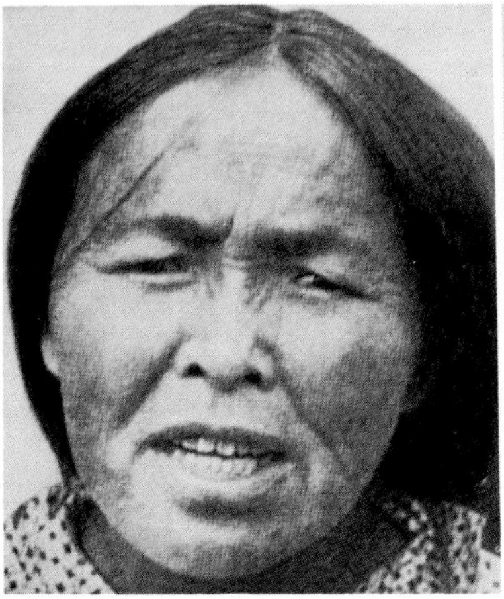

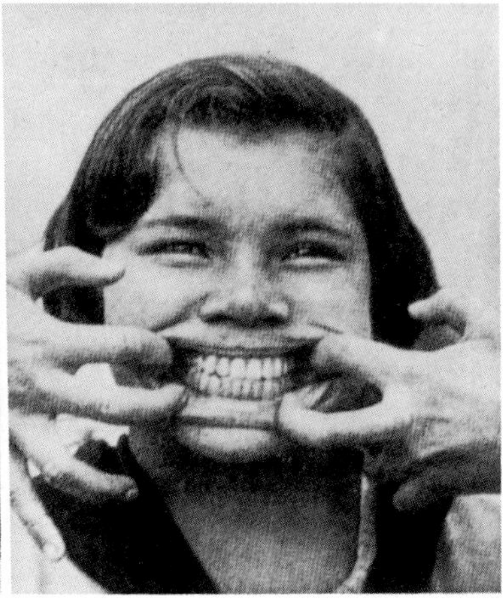

Indianerinnen aus dem hohen Norden Kanadas. In den sich nach alter Art selbst versorgenden Gebieten zeigen die Indianer durchweg eine vollständige Entwicklung des Gebisses und eine nahezu vollkommene Immunität gegen Karies.

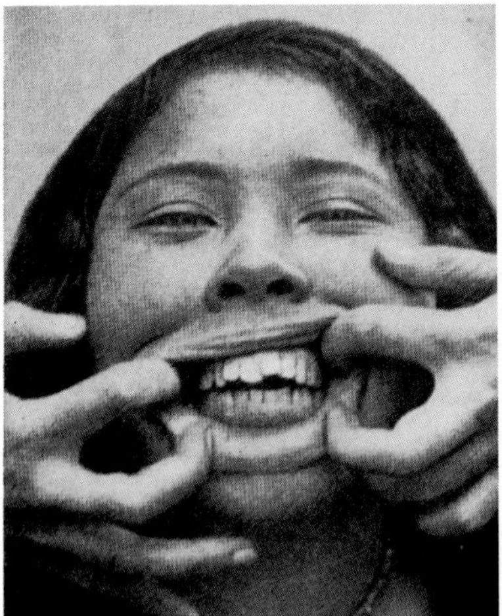

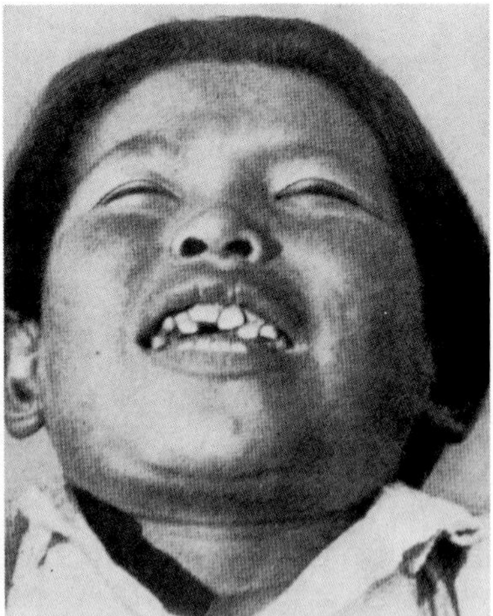

Indianerkinder aus einem zivilisierten Gebiet Nord-Kanadas. Schon in der zweiten Generation nach Aufgabe der überlieferten Primitivkost zeigen sich bis dahin unbekannte Konstitutionsverschlechterungen und Unregelmäßigkeiten der Gebißbildung. Gleichzeitig erfolgt ein Einbruch der Zivilisationsleiden.

ken der Zivilisation ihre alte, primitive Lebensweise bewahrt, aber auch geringfügige Einflüsse können das klare Bild einfachster Verhältnisse schon verwirren. Ein befreundeter Anthropologe, der in vielen Gebieten Alaskas Untersuchungen durchgeführt hatte, wies *Price* auf die Gegend südlich des Yukon hin. Zwischen diesem Fluß und der Bristolbucht gibt es noch Sippen der Eskimos und der Indianer, die durch weglose oder ganz unwegsame Gebiete von der zivilisierten Welt abgeschnitten sind. Im Winter können ihre Siedlungen mit Hundeschlitten erreicht werden, aber in den Sommermonaten, die *Price* für seine Expedition gewählt hatte, gibt es zu diesen Einöden keine Verbindung herkömmlicher Art. Um die primitiven Stämme zu besuchen, kam mithin nur das modernste Verkehrsmittel in Betracht. *Price* mietet in Anchorage ein Flugzeug und führt von hier aus seine Reisen nach West- und Zentral-Alaska durch.

Wie auf fast allen seinen Reisen wird *Price* von seiner Frau als treuer Helferin begleitet. Er führt ein umfangreiches Expeditionsgepäck mit sich, Fotoapparate mit allem Zubehör, Konservierungsmittel für Nahrungsproben und was dergleichen mehr ist, wenn man die Absicht hat, nicht nur an Ort und Stelle zu beobachten und zu untersuchen, sondern wenn man auch Beweismaterial zur wissenschaftlichen Auswertung nach Hause mitbringen will.

Sie überfliegen den McKinley, der die höchsten Erhebungen der Vereinigten Staaten und Kanadas übertrifft und über die Sechstausendergrenze hinausragt, und sehen vor sich das weite, unbegrenzte Land, in dem es keine Anzeichen für menschliche Siedlungen gibt und beim tieferen Hinabgehen des Flugzeugs die einzigen sichtbar werdenden Wesen Elentiere sind. Aus der Höhe sind die mächtigen Wälder im Norden und die baumlose Tundra am Unterlauf der Flüsse zu erkennen. – Flußfahrten auf dem Stony und dem Kuskokwim bringen die ersten aufschlußreichen Beobachtungen.

Price war nicht unvorbereitet auf den Unterschied des Gesundheitszustandes der „Eingeborenen“ und der „Zivilisierten“, also der abgeschieden nach altem Brauch lebenden Eskimos und jener, die in den Hafenorten seßhaft geworden sind und sich der Lebensweise des weißen Mannes angepaßt haben. Aber das, was er nun mit eigenen Augen sieht, läßt ihn ein Entsetzen spüren. Ist denn die Zivilisation eine Seuche, die bei jeder Berührung den Keim der Degeneration überträgt? Denn es ist nicht nur der Gebißverfall, den *Price* in der aufschlußreichen Grenzzone zwischen Wildnis und Zivilisation feststellt.

In Bethel, der bedeutendsten Siedlung am Kuskokwim, tritt ihm unerwartet die konkrete Ursache von Zahnverfall und Degeneration symbolhaft und bildhaft vor Augen. Dieses Erlebnis vergißt er nicht wieder.

In Bethel befindet sich eine kleine Kolonie weißer Amerikaner, auch gibt es hier ansässig gewordene Eskimos und Indianer. Dazu halten sich fast stets Eskimos aus abgelegenen Gebieten vorübergehend in der Siedlung auf. Die Lebensbedingungen scheinen hier so natürlich wie überall am Kuskokwim. Die Unrast, die Hetze, die Überbeanspruchung, Lärm und Staub – alle diese Begleiter des technischen Zeitalters, die in den Städten der zivilisierten Welt ihre Bewohner früh verbrauchen, sind noch unbekannt. Und doch sind die Menschen in Bethel nicht gesund, ist ein erschreckender Gebißverfall und sind andere Degenerationsanzeichen festzustellen.

Price steht am Ufer des Flusses und grübelt über die Ursachen. Sollte das Schwinden der Härte des Lebens, sollte die Sicherung des Unterhalts, das Wohnen in festen Häusern innerhalb einer einzigen Generation zu solchem Verfall führen? Da kommt ein tikkendes Geräusch über das Wasser, und *Price* denkt in einer merkwürdigen Gedankenverbindung an das gelassene Ticken einer Höllenmaschine. Er hebt den Blick und sieht in der Ferne ein kleines Motorschiff den Kuskokwim heraufkommen. Ein Indianer neben *Price* grinst über das ganze Gesicht und sagt mit großer Befriedigung: „Das Boot mit Lagerfutter!“

Da man von der Beringsee aus Bethel mit kleinen Schiffen auf dem Kuskokwim erreichen kann, hat die Regierung hier eine Verwaltungsstelle und ein Warenlager eingerichtet. Was da den breiten, geduldigen Fluß heraufkommt, ist das Regierungsboot, das regelmäßig die Siedlung anläuft, um einen Beamten, einen Sack Post und vor allem einen Haufen Konservenbüchsen und Säcke mit Lebensmitteln an Land zu geben. Im Gegensatz zu ihrer eigenen Kost nennen die Eingeborenen, Eskimos und Indianer, die konservierten Lebensmittel der Weißen „Lagerfutter“, weil sie vom

Regierungslager abgegeben werden und beliebig gelagert werden können. Nicht nur die ansässigen Weißen werden mit diesen Lebensmitteln versorgt, auch die Eingeborenen können sie billig erwerben. Die Regierung ist großzügig darauf bedacht, die in diesem kargen Gebiet lebenden Untertanen ausreichend zu versorgen.

Das also ist das Geschenk der Zivilisation, denkt *Price*, ein Danaergeschenk, das den Beschenkten sturmreif für die Gesundheitsschäden der Zivilisation macht. Auf den graubraunen Wassern, die durch die weite, ebene Tundra strömen, das schmucke Regierungsboot mit dem Lagerfutter – das ist der Schlüssel zum Verständnis des Untersuchungsbefunds in Bethel.

Price untersucht 40 Eskimos, unter denen sich auch einige Mischlinge befinden und die alle fast ausschließlich von den Nahrungsmitteln leben, die das Regierungsboot heranschafft. Von ihren 1094 Zähnen sind 252, also *21,1%*, von Karies befallen.

88 Eskimos leben vorwiegend, wenn auch nicht ganz, von den eingeführten Lebensmitteln. Hier findet *Price* von insgesamt 2490 untersuchten Zähnen 281 kranke, also *11,6%*.

21 Einwohner leben teils von der überlieferten Eingeborenenkost, teils von Lagerfutter. Von ihren 600 Zähnen sind 38, wie *Price* feststellt, kariös, also *6,3%*.

Eine kleine Gruppe von 27 Eingeborenen hat fast ausschließlich von Eingeborenenkost gelebt. Hier findet sich unter 796 untersuchten Zähnen nur ein einziger, der Spuren von Karies zeigt, also ungefähr *0,1%*.

Diese Ergebnisse scheinen schlagende Beweise dafür, daß die übliche denaturierte und konservierte Zivilisationsnahrung genügt, um einen unaufhaltsamen Zahnverfall auch bei einer ungewöhnlich gesunden und widerstandsfähigen Bevölkerung heraufzubeschwören. Aber *Price* will wesentlich mehr Beweise haben, er möchte alle Einwirkungen untersuchen und alle Auswirkungen übersehen, ehe er endgültige Schlüsse zieht. Und so fährt er den Kuskokwim hinauf und hinunter, besucht auch die Indianersiedlungen am Stony-River und führt überall Hunderte von Untersuchungen durch.

Das, was bei allen diesen exakten Feststellungen verblüfft, ist der unmittelbare Zusammenhang zwischen Ernährung und Zahnverfall. Auf Grund der Untersuchungsergebnisse der Gebisse läßt sich geradezu mit fast völliger Sicherheit sagen, wieweit die untersuchte Person von eingeführten Nahrungsmitteln oder von Eingeborenenkost gelebt hat.

In Sleet Mut am Kuskokwim stößt *Price* auf drei Leute, die ausschließlich von der Eingeborenenkost leben. Ihre Zähne sind niemals von Karies befallen gewesen. – 7 Indianer in diesem Ort leben teils von Eingeborenenkost, teils aber auch von Lagerfutter. Bei ihnen stellte *Price* einen Kariesbefall von 12,2% fest.

Im benachbarten Crooked Creek werden 8 Personen untersucht, bei denen von 216 Zähnen 41, also 18,8%, an Karies erkrankt sind. Die Ernährung besteht hier vorwiegend aus Lagerfutter. Nur 1 Indianer hat sich nach der alten Weise ernährt, und bei ihm ist keine Zahnkaries festzustellen.

In Napimute lebt keiner der Einwohner vorwiegend von der Eingeborenenkost. Die untersuchten Zähne zeigen zu 16% Kariesbefall.

In Kokamute an der Mündung des Kuskokwim in die Beringsee trifft *Price* auf eine starke Sippe besonders primitiver Eskimos. Sie kamen aus dem Gebiet der Nelsoninsel und hatten bisher nur eine geringe Berührung mit der Zivilisation gehabt. Bei der Untersuchung von 28 Personen mit 820 Zähnen findet sich nur ein einziger defekter Zahn.

Besonders drastisch ist der Befund auf der Insel Bethel im Kuskokwim. In den kurzen Sommermonaten halten sich hier Eskimos aus den abgelegeneren Gegenden der Tundra vorübergehend auf, um Lachsvorräte für den Winter einzulegen. Es erscheinen aber auch zum Zwecke des Tauschhandels Eskimos aus der Ortschaft Bethel auf der Insel. Bei diesen betrug der Kariesbefall 35%, während bei den erstgenannten, die ausschließlich von Eingeborenenkost lebten, nicht ein einziger kranker Zahn gefunden wurde.

Am Stonyfluß sollte eine Gruppe von Indianern in großer Abgeschiedenheit leben. *Price* findet sie nach langer Suche beim Lachsfang. Er untersucht sie und stellt nur 0,3% kariöse Zähne fest. Aber 2 Indianer, die, von Bethel kommend, zu dieser Sippe stoßen, zeigen 27% kariöse Zähne; sie haben von den eingeführten Lebensmitteln gelebt.

Diese Ergebnisse sind um so beachtenswerter, als die ungewöhnlich starke Abnutzung der Zähne der Eskimos weitgehende Schäden erwarten ließ. Über den Grund dieser auffallenden Abnutzung gibt es verschiedene Theorien. Vielfach wird angenommen, daß die Zähne durch das Kauen des zu gerbenden Leders, besonders bei den Frauen, frühzeitig abgenutzt werden. Die Beobachtungen von *Price* deuten indessen auf eine andere Ursache hin. Ein Hauptnahrungsmittel der Eskimos ist der Lachs. Wenn der Lachs zur sommerlichen Laichzeit in Scharen die Flüsse aufwärts zieht, beteiligt sich die ganze Bevölkerung am Fang. Zum Teil werden die Fische vom Kajak aus mit dem Speer erlegt, und schon jüngere Knaben zeigen bei dieser Fischjagd große Gewandtheit und Kraft. Die Fische werden auf Gestellen im Winde getrocknet und dann einige Stunden geräuchert, um als Wintervorrat eingelagert zu werden. Nun führt der von der Beringsee kommende Wind feinste Sandkörnchen mit sich. Dieser Sand setzt sich auf der feuchten Oberfläche der zum Trocknen aufgehängten Fische fest. Er wird nicht entfernt und dürfte so die wirksamste Ursache für die überraschend starke Abnutzung der Zähne sein.

Das Bedeutsame an diesem Vorgang zeigt eine Beobachtung von *Price*. Obgleich die Zahnkronen oft so stark abgenutzt sind, daß man erwarten muß, die Pulpakammer bloßgelegt zu sehen, findet sich doch in keinem einzigen Fall eine offene Pulpakammer. Offensichtlich gehört es zur Wirkung der Eingeborenenkost, daß sie eine rasche Bildung von sekundärem Dentin ermöglicht. *Price* sollte später durch die Anwendung dieser Erfahrung überraschende Erfolge in seiner Praxis erzielen.

Wohin auch immer *Price* in dem weiten Gebiet gelangt, findet er die gleichen Verhältnisse. Am unteren Kuskokwim untersucht er in einer Siedlung, die mit importierten Lebensmitteln ausreichend versorgt wird, 81 Personen. Von insgesamt 2254 Zähnen sind 394 krank, also 13%. In einer Siedlung des gleichen Gebietes, die indessen durch ihre geographische Lage von den Geschenken der Zivilisation abgeschnitten ist, finden sich bei 72 Personen nur 2 kranke Zähne unter 2138, also weniger als 0,1%.

Und so reihen sich die Zahlen der Untersuchungen aneinander, und mit verblüffender Übereinstimmung sagen sie wieder und wieder das gleiche. Es ist ein fast eintönig wirkendes „Schuldig“, das sie sprechen. Und der Angeklagte ist die Zivilisationsnahrung, die in gutem Glauben an ihre Vollkommenheit und mit unerschütterlichem Selbstbewußtsein an die rückständigen, zurückgebliebenen Rassen ausgeteilt wird: feines, schneeweißes Mehl, raffinierter Zukker, Konserven aller Art, Süßigkeiten, gesüßte Früchte und Marmeladen, Schokolade, Gebäck aus ausgemahlenem Mehl.

Aber auch eine andere Vermutung von *Price*, die sich ihm schon zu Hause bei seiner klinischen Arbeit und bei der wissenschaftlichen Forschung aufdrängte, wird in Alaska bestätigt: der Gebißverfall ist kein isolierter Vorgang, er ist ein Symptom für eine allgemeine degenerative Entwicklung. Unter den einfachen, wenig komplizierten Verhältnissen dieser primitiven Welt treten die ursächlichen Faktoren sehr viel klarer und eindeutiger hervor als unter den unübersehbaren und unkontrollierbaren Einflüssen in den hochzivilisierten Ländern.

Zu den hervorstechenden Rasseneigentümlichkeiten der Eskimos gehört das breite Gesicht, gehören breite und kräftige Zahnbögen, gut entwickelte Kaumuskeln und eine sehr kräftige allgemeine Konstitution. Nun beobachtet *Price*, daß in jenen Siedlungen, genauer gesagt, in jenen Sippen, bei denen er Zahnkaries feststellt, sehr oft auch Veränderungen der Gesichtsbildung und der Zahnbögen auftreten: das Gesicht wird schmaler, das Kinn spitzer, die Zahnbögen erscheinen häufig wie zusammengedrückt oder in ihrer Entwicklung unterbrochen. Die Deformierung der Zahnbögen hat oft zur Folge, daß die Zähne keinen ausreichenden Platz haben und dadurch Mißbildungen entstehen: außerhalb der Zahnreihe stehende Zähne, nach innen gedrückte Schneidezähne und ähnliche Unregelmäßigkeiten.

Diese degenerativen Veränderungen hat man in Alaska wie in anderen Teilen der Welt auf ungünstige Rassenmischungen zurückführen wollen. Man meinte, wenn von einer Seite die Anlage zu breiten Zahnbögen, von der anderen Seite die Anlage zu schmaler Gesichtsbildung vererbt würde, könnten solche Anomalien entstehen. Aber die eingehenden Beobachtungen von *Price* ergeben eindeutig, daß diese Ursache zum mindesten für die Eskimos nicht zutrifft. Zwar gibt es zahlreiche Mischlinge, die aus Ehen zwischen Weißen mit Eskimos stammen, aber diese Fälle schließt *Price* aus seiner Untersuchung aus. In den abgelegenen Gebieten sind die Eskimos reinrassig. Eine Vermischung mit Indianern ist nirgends feststellbar, nicht einmal dort, wo sich ihre Wohngebiete überschneiden.

Zumeist besiedeln die Eskimos die Küste und den Unterlauf der Flüsse, während die Indianer an den Oberläufen des Yukon und des Kuskokwim sitzen.

Es gibt genügend Eskimosiedlungen, die keine Berührung mit Indianern haben, in die aber doch von der See aus eingeführte Lebensmittel gelangen. Und gerade in diesen Orten findet *Price*, daß die erwähnten Gesichtsveränderungen bei der jungen Generation nicht selten sind und daß sie immer dort auftreten, wo die Eltern schon seit langem zur Ernährung mit den eingeführten Lebensmitteln übergegangen waren. Ja, in vielen Fällen ist nachweisbar, daß jene Anomalien nur bei den Kindern auftreten, die *nach* der Ernährungsumstellung der Eltern geboren sind, die älteren Geschwister zeigen unverändert das typische Eskimogesicht. Das Bildmaterial, das *Price* mitbringt, bezeugt diese Erfahrung auf das anschaulichste.

Aufschlußreich ist auch der Vergleich zwischen dem Gesundheitszustand der weißen Amerikaner in den verkehrsgünstigen Orten Alaskas und dem der Eskimos. Obgleich die Weißen in der gleichen Umwelt leben, die die Eskimos über so lange Zeiten bei hervorragender Gesundheit erhalten hat, obgleich hier viele schädigende Einflüsse der hochzivilisierten Länder fehlen, ist ihre Gesundheit schlechter als in den industrialisierten Staaten Nordamerikas. Ihre Anfälligkeit gegen Infektionen ist groß, der Zahnverfall allgemein, es sind viele Zeichen einer degenerativen Entwicklung zu bemerken. Der Gedanke ist naheliegend, daß auch hier die Ernährung eine wesentliche Rolle spielt. Denn diese weißen Amerikaner lehnen fast allgemein die Landesernährung ab und leben von den verfeinerten Erzeugnissen der Lebensmittelindustrie, in noch weitgehenderem Maße von Konserven und denaturierten Nahrungsmitteln, als das in den südlichen Staaten der Fall ist.

Als typisch empfindet *Price* den Fall zweier weißer Jungen, die in Alaska geboren sind. Sie reisen mit ihrer Mutter nach den südlichen Staaten, weil ihre zu engen Nasen operiert werden sollen, sie können nur durch den Mund atmen. Die gleiche Fehlbildung hat *Price* bei reinrassigen Eskimokindern, meist im Zusammenhang mit zu schmalen Zahnbögen, dort festgestellt, wo die Eltern ihre althergebrachte Kostform aufgegeben hatten. Hier sind also bei ganz verschiedenen Rassen die gleichen degenerativen Merkmale festzustellen, die man sonst auf Rassenmischung zurückgeführt hat.

Wer in einem Museum vorgeschichtliche Schädel betrachtet, die in Alaska ausgegraben wurden, und sich dann auf die in der Gegenwart ablaufende Entwicklung besinnt, wird sich dem Eindruck eines verhängnisvollen Schicksals kaum entziehen können. Diese Schädel, Jahrtausende alt, weisen durchweg eine prachtvolle Rundung der Kiefer auf und enthalten vielfach noch sämtliche Zähne in guter Verfassung. Keinen findet man, der Spuren einer Karies zeigt. Durch Jahrtausende haben die Eskimos ihre vorzügliche Konstitution von Generation zu Generation ungeschmälert weitergegeben. Die von der modernen Entwicklung unberührt gebliebenen Stämme weisen diese Rassenmerkmale heute noch unverändert auf. Jedem Forscher fällt die erstaunlich gleichartige Gesichtsbildung auf. Und nun wird diese, wie es schien, für die Ewigkeit geknüpfte Kette, die aus unvordenklichen Zeiten kommt, plötzlich unterbrochen, und in einer einzigen Generation treten Veränderungen der Gesichtsbildung und ein rascher Gebißverfall auf, Vorgänge, die die Jahrtausende nicht gekannt haben. Und als Ursache findet sich nur eine Kleinigkeit: eine Änderung der Ernährung. Aber ist es nur eine Kleinigkeit? Muß man nicht daran denken, daß bei einem Hausbau der Beton seine bestimmte Zusammensetzung haben muß und das Haus in seiner Festigkeit bedroht wäre, wollte man den größten Teil des Zements durch Sand ersetzen?

Der obere Kuskokwim ist für Flußboote bis McGrath schiffbar. Dieser kleine Ort hat einen wichtigen Flugplatz, denn hier kreuzen sich die Fluglinien von Anchorage und Fairbanks nach Nome und den anderen Orten im Westen, jenseits des hohen Gebirgszuges des McKinley. Noch aus der Zeit des Goldrausches sind hier einige weiße Prospektoren und Bergingenieure hängen geblieben. Sie haben Eskimofrauen oder Indianerinnen geheiratet und sich der Lebensweise des Landes weitgehend angepaßt. Aber die Verbindung nach den Vereinigten Staaten ist gut, und so leben sie von den Nahrungsmitteln, die von dort eingeführt werden. Nur einen einzigen Eskimo findet *Price*, der seine überlieferte Kost beibehalten hat. Seine Zähne sind völlig gesund, sie zeigen keine Spur einer Karies. Umgekehrt leiden fast alle Bewohner an starkem

Zahnverfall. *Price* untersucht viele Hundert Zähne und findet 33% von Karies befallen.

Besonders instruktiv ist der Befund in der Familie eines amerikanischen Bergingenieurs. Seine Frau entstammt einer der primitiven Eskimosippen vom unteren Kuskokwim. *Price* findet sie ungewöhnlich intelligent; sie besitzt jenen schwer zu beschreibenden Charme, der oft Angehörige primitiver Völker auszeichnet, eine anmutige Sanftheit, eine herzliche, zurückhaltende Freundlichkeit. Die Frau wirkt jung, obgleich sie 20 Kinder geboren hat. Ihre Zähne sind stark abgenutzt, aber völlig gesund; ihr Gebiß zeigt eine vollkommene Symmetrie. Aber in ihrer Familie ist sie die einzige, die völlig gesund ist. Von ihren Kindern leben nur noch 11, die meisten sind an Tuberkulose gestorben. *Price* untersucht die Zähne des Mannes und der Kinder und stellt fest, daß 41% krank sind. Alle Familienmitglieder leben ausschließlich von eingeführten Lebensmitteln. Nur die Frau hat ihre gewohnte Eingeborenenkost beibehalten, ihre wichtigste Nahrung sind Lachse, die sie in jedem Jahr in der Laichzeit trocknet und räuchert, so wie es seit je bei ihrem Volk üblich war.

Die Töchter aus dieser Ehe, zum Teil auffallend schöne Mädchen, zeigen eine Verengung des unteren Zahnbogens, wie das bei primitiv lebenden Eskimos nicht anzutreffen ist. Die eine Tochter mit unnatürlich schmalen Zahnbögen, engen Nasenlöchern und jungenhaft wirkendem Körper, ganz ungewöhnlich unter Eskimos, ist verheiratet. Sie hatte bedenkliche Schwierigkeiten bei der Geburt ihres einzigen Kindes gehabt und wollte das Risiko eines zweiten Kindes nicht auf sich nehmen. – Die sich stellende Frage, ob die Mangelnahrung des Vaters zu diesen Fehlbildungen beigetragen oder sie bewirkt hatte, muß zunächst unbeantwortet bleiben.

Die Erwartung, daß Menschen, die auf die Dauer die Härte des Lebens im hohen Norden zu ertragen vermögen, von hervorragender Konstitution und bei bester Gesundheit sein müssen, bestätigt sich voll. Und es ist nicht jener vom Negativen aus verstandene Begriff der Gesundheit, das Freisein von Leiden, den man hier anwenden kann, sondern ein positiver Wert: die volle Entwicklung aller der Rasse verliehenen Möglichkeiten. Wie bald würde sich jede andere Gesundheit unter solchen Lebensbedingungen in einer Vielfalt von Leiden auflösen!

Für den Eskimo heißt es ja nicht nur, in der Schneehütte oder dem Zelt aus Fellen die Eisstürme und die beißende, tödliche Kälte zu überstehen. Auf den Flächen des ewigen Schnees, in der sturmbewegten See des Sommers und auf dem nicht minder gefahrdrohenden, in Eis erstarrten Meer muß er seinen Lebensunterhalt suchen.

Im Sommer und Herbst muß der Eskimo auch bei hohem Seegang hinaus aufs Meer, um ausreichende Vorräte für den Winter zu sammeln. Wenn sein Kajak kentert, kann er es oft mit dem Ruder wieder aufrichten, aber es bleibt doch immer ein Spiel mit dem Tod. Ein Spiel, das nur durch große Geschicklichkeit und Kraft, nur durch ein ganzes Informsein gewonnen wird. In den Wintermonaten, wenn die Sonne kaum über dem Horizont erscheint, wenn es 20 Stunden finstere Nacht ist und die Temperatur auf 40 und 50 Grad sinkt, hört das Jagen fast ganz auf, und der Eskimo freut sich auf eine gemächliche Ruhezeit in der Hütte oder auf eine lange Schlittenreise zu Freunden oder zu einem Fest. Oft aber droht der Hunger in dieser Zeit. Und wenn der Jäger dem Walroß auf dem Wintereise auflauert, um es zu harpunieren, wenn es zum Atmen auftaucht, so besteht die Gefahr, in die Leine verwickelt und ins eisige Wasser gerissen zu werden. Die durchschnittliche Lebensdauer des Eskimos ist kurz, die häufigste Todesursache ist der Unfall auf der Jagd.

Es ist gewiß auch ein Zeichen von Gesundheit, wenn der Eskimo seine so viel fordernde Heimat über alles liebt und sich in seiner Umwelt glücklich fühlt. *Rasmussen* hat vom gesunden, glücklichen Leben einer Eskimogruppe erzählt, die in der Nähe der Pelly-Bucht, abseits des Einflusses der kanadischen Zivilisation, in verhältnismäßigem Überfluß lebte. Und *Stefansson* berichtet ähnliches von einem Stamm am Coronation-Golf, der noch niemals einen Weißen zu Gesicht bekommen hatte. „Alle waren sehr gesund, Leute ohne jedes ernstliche Leiden."

Die erstaunliche Gleichartigkeit der Eskimostämme beschränkt sich nicht auf Amerika. In Grönland sind die Verhältnisse dort, wo die Zivilisation die Lebensbedingungen noch nicht verändert hat, sehr ähnlich. Der Däne Dr. *Höygaard*, der ein Jahr lang als Arzt das Leben der Eskimos teilte, berichtet über seine Erfahrungen: „Der Gesundheitszustand der eingeborenen Bevölkerung war gut. Die schlimmste Krankheit – die Influenza. Es gibt auch recht viel Tuberkulose, aber sie hat meistens einen gutartigen Verlauf und äußert sich im wesentlichen in Lungenblutungen, die merkwürdigerweise den Allgemeinzustand nicht besonders herabsetzen ... Erstaunlich war die Tatsache, daß nicht ein einziger Eskimo wegen einer „Berufskrankheit" zu behandeln war, nämlich Erfrierungen, Beinbruch oder Skorbut, wohl aber die wenigen Europäer. ... Langwierige Magenleiden, Dyspepsien sah ich *niemals* bei jenem Teile der Bevölkerung, der von Fleisch, Fisch und Tang lebte, während sie sehr häufig waren unter den Eingeborenen, die in der Kolonie wohnten und sich von Ladenkost ernährten." [33])

Über das Problem der Tuberkulose wird an anderer Stelle noch ausführlicher zu sprechen sein. Hier sei nur noch eine andere bedeutsame Beobachtung von Dr. *Höygaard* vermerkt, die uns ganz ähnlich bei anderen Völkern begegnen wird: „Bei einseitiger Brot-, Zucker- und Grützekost entstand auch bei den Eskimos eine eigenartige schwammige Fettigkeit, die unter den Leuten draußen unbekannt war. Durch die Landeskost hielt man sich schlank und leicht." [33])

Price bewundert die Ausdauer und Gewandtheit der Eskimos. Er sieht Männer, die in jeder Hand 100 Pfund tragen und das gleiche Gewicht dazu mit den Zähnen halten. Er erfährt, daß es sich dabei nicht um etwas Ungewöhnliches handelt. Vergleicht man die körperliche Leistungsfähigkeit des Eskimos mit der durchschnittlichen Leistungsfähigkeit des zivilisierten Menschen, so ist man leicht geneigt, bestimmte Umwelteinflüsse als die entscheidenden Ursachen zu betrachten: ein hartes Leben im Freien, ständige Übung von Jugend an, das Kauen harter Nahrung. Diese Dinge spielen zweifellos eine Rolle, aber sie können nicht allein ausschlaggebend sein, denn es zeigt sich immer wieder, daß beim Übergang von der überlieferten Kost zur Ernährung mit den denaturierten Lebensmitteln auch diese, scheinbar so unerschütterliche Konstitution sehr rasch Sprünge und Risse bekommt.

Nördlich des Polarkreises am Yukon liegt eine der ältesten und am besten organisierten Missionsstationen, Holy Cross. Ihr angegliedert ist eine Internatschule, deren Zöglinge von weither kommen, zumeist von der Küste der Beringsee. Diese Schüler haben zu Hause, ehe sie zur Schule kamen, in der typischen Umwelt der

Eskimos gelebt, also eben jener Umwelt, in der sich Konstitution und Gesundheit von Generationen von Eskimos so hervorragend entwickelt haben. Allerdings ist *ein* Faktor der Umwelt verändert worden: die meisten Angehörigen der jungen Generation haben vorwiegend von eingeführten Nahrungsmitteln gelebt. Die verbindende See macht an der Küste und auf den Inseln, sobald im Juni das Eis verschwindet, einen Austausch der Erzeugnisse leicht. Und auch hier ergibt sich das klassische Untersuchungsbild: 8 junge Eskimos haben vorwiegend eingeführte Lebensmittel erhalten, ihre Zähne sind schwer geschädigt, von 224 Zähnen sind 42 kariös, mithin 18,7%. 4 Schüler haben eine gemischte Kost erhalten, ihre Zähne sind zu 3,5% krank. Ein Schüler hat ausschließlich von Eingeborenenkost gelebt, seine Zähne sind völlig gesund, nirgends ist eine Spur von Karies zu entdecken.

Wenn *Price* die Nahrung der Eskimos erforscht, eine Kostform, die der verfeinerten und so bequemen Ernährungsart der zivilisierten Länder offensichtlich weit überlegen ist, so ist es ihm doch von vornherein klar, daß es töricht wäre, die Sitten der Primitiven nachahmen zu wollen. Eine hochkomplizierte, übervölkerte Welt kann sich nicht auf die gleiche Weise ernähren, wie ein einfaches Jägervolk, gering an Zahl und bescheiden in seinen Lebensansprüchen, es in unermeßlichen Weiten vermag. Ist doch heute selbst bei den Eskimos die Ernährung nach alter Art gefährdet, und wo sie bereits aufgegeben ist, liegt der Grund nicht immer in der Lokkung durch das Neue, sondern oft genug in einer zwingenden Notwendigkeit. Denn die Hungerperioden bei den Eskimos sind nach Ansicht maßgebender Forscher erst in den letzten zwei Generationen gehäuft aufgetreten. Der Lachs steht den Eingeborenen nicht mehr in dem Maße zur Verfügung wie früher, seit zur Fangzeit die großen Konservenfabriken Tausende von Hilfskräften nach Alaska ziehen, um jährlich 120 Millionen Kilogramm fertiger Lachskonserven in alle Welt zu exportieren. Andererseits hat die Einführung moderner Waffen auch den Wildbestand verwüstet. Seelöwen, Seehunde, Walrosse sind immer seltener geworden.

In manchen Gegenden trägt auch der Fuchsfang entscheidend zur Aufgabe der altbewährten Kostform bei. Wenn der Eskimo auf Veranlassung der Pelzhändler auf den Fuchsfang geht, kann er sich keine ausreichenden Vorräte für den Winter anlegen. So gerät er mehr und mehr in Abhängigkeit vom Handelsposten, der ihm eingeführte Lebensmittel liefert und als Bezahlung Fuchspelze erhält. „Der Mann, der, von Fuchsfellen im Werte von 500 Dollar umgeben, vor Hunger stirbt, ist keineswegs eine unbekannte Gestalt.“

Jedenfalls sind es niemals irgendwelche Mängel der Eingeborenenkost, die sie nach und nach seltener machen und eines Tages vielleicht zum Verschwinden bringen werden. Hieraus ergibt sich die doppelte Bedeutung der Forschungen von *Price*. Wenn er Proben von Fisch und Fleisch, Tang und Gras sammelt, um sie später im Laboratorium genau auf ihren Gehalt an Mineralien und Wirkstoffen zu untersuchen, wenn er sich über Zubereitung und Art der Eingeborenenkost unterrichten läßt, so will er jenes geheimnisvolle Etwas finden, das Gesundheit verbürgt; er will jene Faktoren kennen, die die Eskimonahrung so überlegen, so wirkungsvoll machen. Damit will er nicht nur der zivilisierten Menschheit dienen, sondern auch den Eskimos nützen, deren Ernährungsgrundlage im Schwinden begriffen ist.

Und noch eine andere Bedingtheit der Beobachtungen in Alaska ist *Price* nicht zweifelhaft. Wie es kein allgemeinverbindliches Rezept gibt, so lassen sich aus der Kenntnis einer auch noch so zweckmäßigen Kost eines einzigen Volkes keine allgemeinen Schlüsse ziehen. Wenn z. B. Inlandstämme der Eskimos bei intensiver Fleisch-Fett-Ernährung kaum Arteriosklerose kennen, so erkranken Kirgisen bei ähnlicher Kost verhältnismäßig früh an diesem Leiden.

Aus der arktischen Tundra zurückkehrend, weiß *Price*, daß er auch die primitiven Rassen auf den fruchtbaren Ebenen, in den Trockensteppen und im Urwald wird aufsuchen müssen, ebenso wie die nach uralten Bräuchen lebenden Bewohner abgelegener Hochgebirge, schwer zugänglicher Inseln der verschiedenen Ozeane, Jäger, Fischer und Ackerbauer. Dann erst kann sich das Geheimnis vollkommener Nahrung und vielleicht das der vollkommenen Gesundheit entschleiern, und es wird möglich sein, jene Grundregeln zu geben, nach denen sich der zivilisierte Mensch in seiner nun einmal gegebenen Umwelt ernähren muß, um von Degenerationsleiden frei zu bleiben.

Was sind nun die Kennzeichen der Eingeborenenkost der Eskimos? Die Eskimos sind Jäger, und ihr eigenstes Jagdgebiet ist die See, dann sind es die Flüsse. Fische aller Art, in den Flüssen der Lachs, bilden einen wesentlichen Teil der Nahrung. Von der Beringstraße bis nach Nordgrönland sind die Ringelrobbe und die Bartrobbe die weitaus wichtigsten Jagdtiere. In den Gewässern des Atlantik gibt es andere Robbenarten, die gefleckte, die weißgestreifte, die Klappmütze und die Sattelrobbe, dazu Seebär, Seelöwe, Walroß. – Robbenfleisch nimmt auf dem Speisezettel einen bevorzugten Platz ein, ebenso Robbenspeck. Es ist beim Mahl üblich, das Stück Trockenfisch in Robbenfett zu tauchen, ehe man es zum Munde führt. Von den Tieren des Festlands dient der seltener werdende *Karibu*, das wilde Ren Nordamerikas, der Ernährung. Bedeutung haben im letzten Jahrzehnt in den nördlichen Gebieten die durch die Regierung eingeführten gezähmten Rentiere erlangt.

Mancher Fisch und manches Fleisch werden roh verzehrt. Wird ein Seehund zerlegt, so kann man beobachten, wie die Kinder sogleich etwas vom Fett und der rohen Leber erhalten.

Der vegetarische Anteil der Nahrung ist eng beschränkt, aber er wird nicht vernachlässigt. Tang und Algen werden überall gegessen. Schwarze Moosbeeren, Sumpfheidelbeeren, Sumpfbrombeeren und einige andere arktische Früchte werden emsig gesammelt. Man verzehrt sie im Sommer frisch, läßt sie im Winter einfrieren oder legt sie in Öl ein. Das gleiche gilt von einigen Grasarten und Blumenblüten. Auch einige Wurzeln werden gegessen, ferner die Stengel der aromatischen Engelwurz. In Gegenden, wo es Karibus oder Rentiere gibt, gilt der gegorene, säuerliche Inhalt des Magens dieser Tiere als bevorzugtes „Gemüse".

Wichtig ist die Beobachtung, daß sowohl von den Fischen, den großen Seetieren wie den Walen und auch den Karibus immer die inneren Organe mitgegessen, ja bevorzugt werden. Bestimmte Teile gelten als in besonderem Maße kräftigend. Die Untersuchung ergab in diesen Fällen fast immer einen besonders hohen Gehalt an Wirkstoffen. So fand *Price*, daß Robbenspeck besonders reich an Vitamin A ist. Gewisse Hautschichten einer bestimmten Walart, die von den Eskimos hoch bewertet werden, sind besonders reich an Vitamin C. Rogen, der an Wirkstoffen und Nährwert reich ist, wird von den Eskimos als Kräftigungsmittel geschätzt. Er wird auch getrocknet verwendet und dient vielfach als Nahrung für die heranwachsenden Kinder, sobald sie von der Muttermilch entwöhnt sind. Überhaupt wird nicht wahllos alles gegessen, sondern mit erstaunlicher Sachkenntnis und mit großer Sorgfalt ausgewählt.

Die Ernährungsweise der Eskimos ist keine vom Zufall bestimmte Gewohnheit von „Wilden". Sie ist mehr Teil einer sinnvollen Ordnung des Lebens, als das für die Kostform der zivilisierten Völker im allgemeinen zutrifft. Die tiefsinnigen Sagen der Eskimos, ihre gemütvollen Lieder, ihr Schmuck und ihre kunstvoll genähte, oft auf schöne Farbwirkung bedachte Kleidung sind ebensowohl Ausdruck einer stilvollen Lebensgestaltung, wie das für ihre handwerklichen Leistungen, den Kajak, dieses Meisterstück aus Holz und Seehundshaut, oder den aus Treibholz gefertigten Hundeschlitten zutrifft. In der Auseinandersetzung mit der sie umgebenden Welt haben sie eine Lebensform entwickelt, die die Ernährung einschließt und die sie fähig gemacht hat, die Gesundheit der Rasse über die Jahrtausende bis in unsere Zeit zu erhalten.

Die Beobachtungen in Alaska sind Wegweiser auf dem Wege zur Gesundheit, aber sie werfen auch neue Fragen auf. *Price* war immer wieder davon überrascht worden, daß die Bewohner der isolierten Siedlungen sich nicht nur leiblich, sondern auch psychisch von ihren zivilisierten Stammesbrüdern unterschieden. Arbeitsam, ausgeglichen, freundlich, gastlich, redlich und hilfsbereit – so hatte *Stefansson* seine langjährigen Erfahrungen über die abseits lebenden Eskimos zusammengefaßt, und so erlebt sie auch *Price*. Dagegen findet er die Eingeborenen in den zivilisierten Gegenden vielfach unruhig, reizbar, berechnend. Spielt in den psychischen Bereichen die Art der Ernährung oder der Grad der Gesundheit eine Rolle? Und falls das zutrifft, innerhalb welcher Grenzen? Diese Frage, die uns später wieder begegnen wird, findet in Alaska noch keine Antwort.

Bei den Indianern des hohen Nordens

Die Eskimos an der Küste und an den Flußläufen Alaskas, die *Price* untersucht hatte, verdanken ihre Gesundheit der See und den großen Strömen. Aus dem unergründlichen Schoß des Meeres quillt unaufhörlich eine Vielfalt heilen Lebens hervor, ein Reichtum, der so lange Überfluß ist, als die Menschheit ein Gleichgewicht der Zahl einhält. Wie aber erhält sich ein Volk unter ähnlich harten Umweltbedingungen gesund, wenn ihm der Zugang zum Meer, wenn ihm auch fischreiche Ströme und Seen fehlen? Das ist die nächste Frage, die sich *Price* stellt, und er entschließt sich, die unter solchen Bedingungen lebenden Indianer im hohen Norden Kanadas aufzusuchen.

Das Schicksal der indianischen Rasse ist höchst interessant und aufschlußreich, aber in seinem Ablauf doch vom Geheimnis umwittert. Die meisten Anthropologen neigen zur Ansicht, daß alle indianischen Völker ihren gemeinsamen Ursprung in Asien haben und ihr Weg nach Amerika ihre Vorfahren über die Beringstraße geführt hat. Dieses Ergebnis der modernen Anthropologie wird durch beiden Erdteilen gemeinsames Kulturgut – uralte Sagen und Märchen wie auch gleichartige Symbole und Ornamente der Volkskunst – bestätigt. Zudem haben wagemutige Forscher bewiesen, daß es auch heute noch möglich ist, über das Packeis der Beringstraße ohne Benutzung eines Bootes von Asien nach Amerika zu gelangen. Ein russischer Ingenieur hat 10 Tage zu dieser Expedition gebraucht.

Bei ihrer Ausbreitung in Amerika hat die indianische Rasse eine einzigartige Anpassungsfähigkeit bewiesen. In den unwirtlichen Gebieten am Polarkreis haben die Indianer ebenso ihr Auskommen gefunden wie in den Dschungeln der Tropen, in den Tiefebenen ebenso wie in den Hochgebirgen. Sie haben es unter so gegensätzlichen Lebensbedingungen überall vermocht, eigene Kulturen, zum Teil von strahlendem Glanz, hervorzubringen und eine hohe physische Leistungsfähigkeit in der vegetationsarmen Zone der Arktis

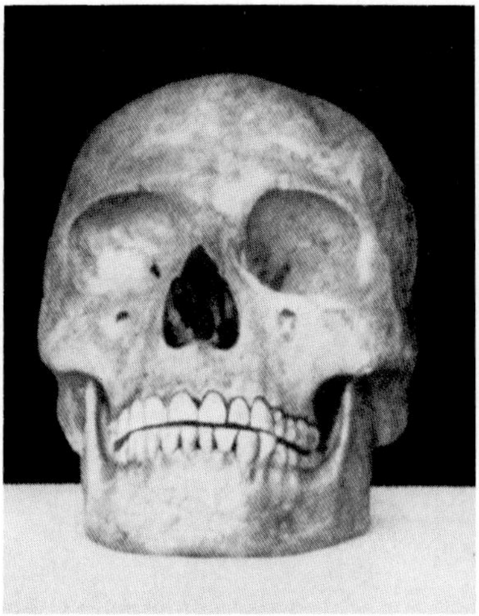
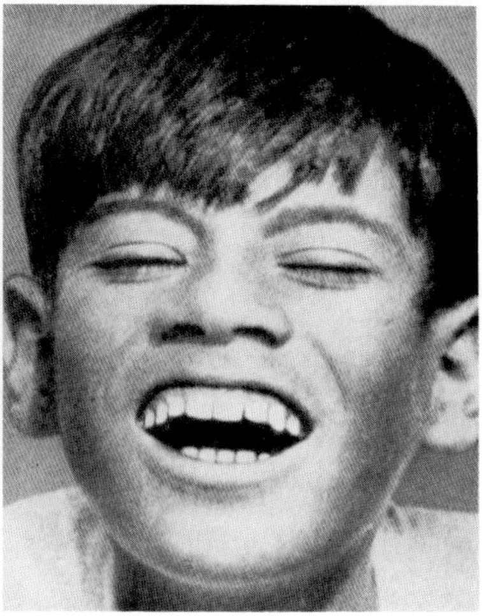

Indianerschädel aus Nordamerika. Untersuchungen von Tausenden von Schädeln aus früheren Jahrhunderten beweisen, daß die kraftvolle Entwicklung des vererbten Typs allgemein war und sich das vollständige Gebiß bis ins Alter erhielt. – Bei primitiv lebenden Volksstämmen hat sich diese Konstitution bis heute erhalten, wie das Bild des jungen Polynesiers zeigt.

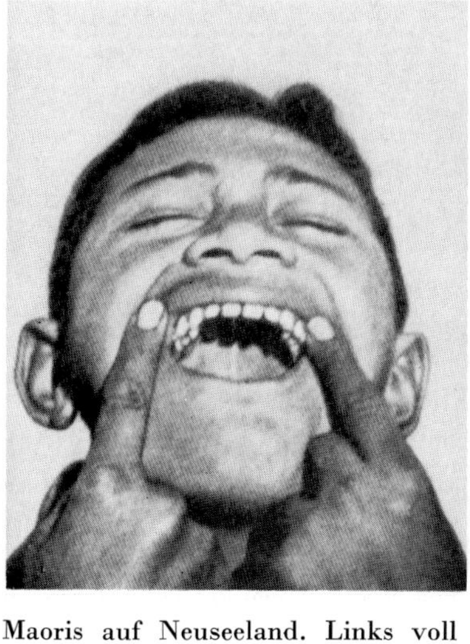
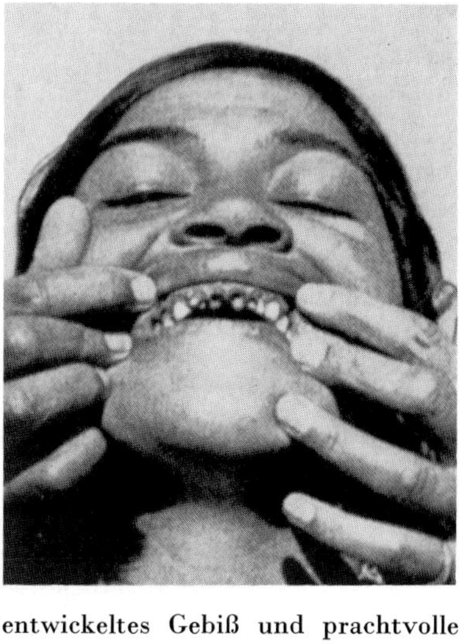

Maoris auf Neuseeland. Links voll entwickeltes Gebiß und prachtvolle Zahnbögen eines primitiv lebenden Mannes, rechts der in den zivilisierten Wohngebieten allgemeine Zahnverfall.

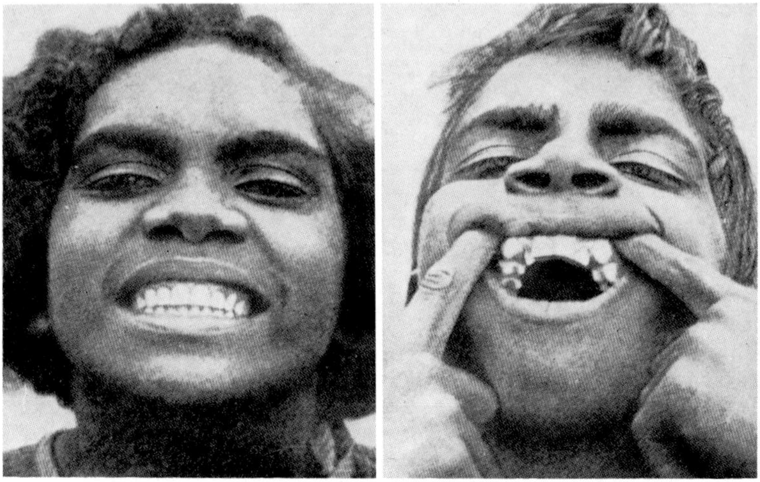

Ureinwohner Australiens. Links eine Frau eines primitiv lebenden Stammes mit allen Merkmalen ihrer Rasse. Rechts Australier aus einem mit denaturierten Lebensmitteln versorgten Reservat. Früher unbekannte Mißbildungen treten auf, und der allgemeine Gesundheitszustand sinkt tief ab.

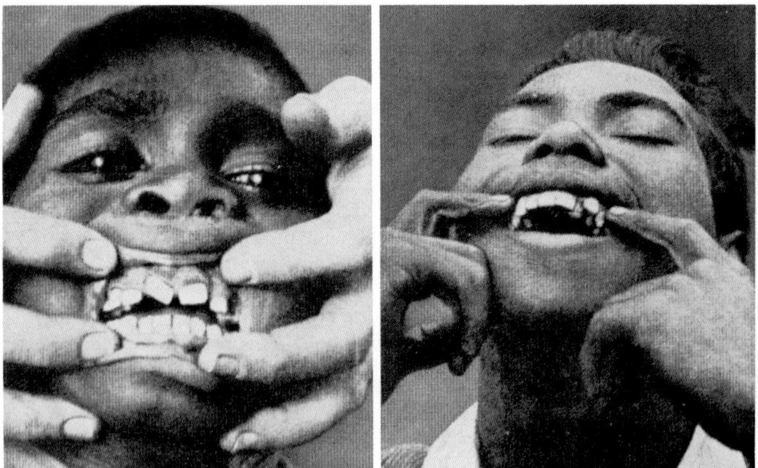

Reinrassige Ureinwohner Australiens. Schon in der zweiten Generation nach Aufgabe der hochwertigen Primitivkost entstehen Kümmerformen, die vom ererbten Rassetyp auffallend abweichen. Die sichtbarsten Warnsignale: Mißbildungen der Gebisse.

wie in der Überfülle der Tropen zu bewahren oder zu entwickeln. Aber nach Jahrtausenden hat diese beispiellose Anpassungsfähigkeit plötzlich versagt, so völlig versagt, daß eine Vielheit großer und stolzer Völker in der kurzen Spanne von 200 oder 300 Jahren zu traurigen, künstlich geschützten Resten zusammengeschrumpft ist. Was war die eigentliche, die hauptsächliche Ursache dieses raschen Verfalls? War es allein der Alkohol, wie viele meinen, oder die Tuberkulose, die den Lebensnerv dieser Völker getroffen hat? An welche neuen Umweltbedingungen konnte sich die indianische Rasse nicht anpassen?

Um diese Frage beantworten zu können, galt es zunächst, Indianerstämme zu finden, deren Umwelt von der Zivilisation noch nicht verändert war und die noch jene vollkommene Gesundheit besaßen, von der nicht zuletzt alte Gräberfunde zeugen. Aber gibt es im Zeitalter der Erschließung der letzten Zufluchtstätten primitiver Völker noch echte Indianer? *Price* wird auf den Nordwesten Kanadas verwiesen. Und da er Stämme sucht, die keinen Zugang zum nährenden Meer haben, wählt er das Gebiet nördlich der Rocky Mountains, den Norden von Britisch-Kolumbien und das Yukon-Territorium. In den Flüssen dieses Gebietes kann es auch keine Lachse geben, denn sie entwässern ins Eismeer, wohin der Lachs auf seinen Zügen nicht mehr gelangt. Die Absicht, vom Eismeer aus den MacKenzie stromauf zu reisen, läßt sich nicht verwirklichen, da eine Rückkehr in der gleichen Saison nicht möglich ist. Da es keine Flugplätze und keine Möglichkeit gibt, den Brennstoffvorrat zu ergänzen, ist auch die Benutzung eines Flugzeugs ausgeschlossen. So dringt *Price* vom südlichen Alaska aus, jenem schmalen Küstenstreifen, der Kanada vorgelagert ist, auf dem Stikine in das verschlossene Land ein. Mit einem starken Motorboot, das auch die Stromschnellen des tief in die Rockies eingeschnittenen Flusses überwinden kann, gelangt er bis Telegraph Creek. Von hier aus ist es möglich, mit dem Lastwagen die Wasserscheide der Rocky Mountains zu überschreiten und die schiffbaren Nebenflüsse des ins Eismeer fließenden MacKenzie zu erreichen. Auf dem Dease-River und dem Liard-River setzt *Price* seine Reise fort.

Die meisten Indianer Kanadas erhalten von der Regierung ein Kopfgeld, um in bestimmten Bezirken festgehalten zu werden. Sie erscheinen zwar mit ihren Familien an den Kontrollpunkten, um die Kopfprämie von 5 Dollar zu erhalten und sich für das Geld Munition, Decken und andere Gebrauchsgegenstände zu kaufen, aber sonst führen sie ihr altes Leben als nomadisierende Jäger im wesentlichen fort. An den Kontrollpunkten werden wohl auch eingeführte Lebensmittel erstanden, aber diese Berührung mit der Zivilisation, einmal im Jahr, ist doch zu flüchtig, um die Umwelt dieser Indianer zu verändern. Sie folgen den Herden der Karibus und der Elche, die in der Hauptsache ihre Nahrung bilden, erlegen Pelzwild und leben nach alter Art in ihren kunstvoll gebauten, vor der Unbill eines harten Winters schützenden Hütten.

Hier finden sich noch jene Tugenden der indianischen Rasse, jene Kraft und Sinnesschärfe, die die Bezwinger und Vernichter der Indianer einst so tief beeindruckt haben, daß der Abglanz ihrer widerwillig gezollten Bewunderung noch nach mehr als 100 Jahren die Jugend eines anderen Erdteils begeistert und die Phantasie zu immer neuen Geschichten reizt. In Siedlungen, deren ganze Bevölkerung auf langwährendem Jagdzuge ist, findet *Price* alle Hütten unverschlossen, die wertvolle Habe der Indianer offen daliegend. Er beobachtet, wie die sich zum Fortgang rüstenden Indianer Bäume fällen und Feuerholz schlagen, damit des Weges kommende Fremde trockenes Holz für ihr Lagerfeuer haben. Die Freundlichkeit und Gastfreundschaft geht zu Herzen, und die natürliche Würde, der Stolz dieser Naturmenschen flößen ihm höchste Achtung ein. In den Pelly-Bergen und weiter nördlich schließt das rauhe Klima den Anbau von Getreide aus. Die Nahrung der Indianer in diesem Gebiet besteht vorwiegend aus dem Fleisch der erlegten Jagdtiere, etwas Gemüse, Wurzeln, wild wachsenden Beeren. Die schon aus der Zeit der Besiedlung und Eroberung Amerikas bekannte erstaunliche Kenntnis von der Wirkung der Nahrung ist hier noch nicht vergessen. Aus dem 18. Jahrhundert ist ein Vorfall überliefert, der *Price* in ähnlicher Weise begegnet. Damals waren im Norden Kanadas englische Soldaten an Skorbut erkrankt. Ohne zweckmäßige Behandlung lagen sie hoffnungslos danieder. Indianer, die zweifellos ebensowenig von Vitaminen wußten wie die Engländer, machten den Kranken einen Aufguß aus Tannensprossen und heilten sie auf diese Art.

– „Leiden die Indianer unter Skorbut?“ – fragt *Price* einmal einen alten Indianer durch den Dolmetscher.

„Nein, das ist eine Krankheit des weißen Mannes" – lautet die Antwort.

Price fragt weiter, ob die Indianer Skorbut bekommen könnten. Die Auskunft, die er erhält, lautet:

– „Ja, aber wir kennen die Mittel, diese Krankheit zu verhüten."

Price fragt weiter; er will erfahren, ob die Indianer tatsächlich uralte Heilkenntnisse besitzen, die die Wissenschaft erst in den letzten Jahrzehnten entdeckt hat. Der Indianer weicht zunächst mit dem Hinweis aus, daß der weiße Mann zu viel wisse, um einen Indianer im Ernst zu befragen. Dann geht er, um die Zustimmung des Häuptlings zu erbitten, einem Fremden etwas vom Schatz des Wissens des Stammes preiszugeben. Man muß sich dabei der alten Völker erinnern, bei denen die Priester Vorschriften für die Ernährung gaben und die Heilkunst im religiösen Bereich ihre Grundlage hatte. Die Nahrung ist hier noch geheimnisvolles Geschenk der lebenspendenden Mächte, beides bergend, das Gute wie das Böse, und in weiser Anwendung erst die Wohlfahrt des Menschen sichernd. Wie fern ist diese Anschauung von der leichtfertigen Art, mit der der zivilisierte Mensch sich bei der Wahl seiner Nahrung nach Bequemlichkeit und Geschmack richtet!

– Ein Mann, der gekommen ist, uns vor den Nahrungsmitteln in den Lagerhäusern der Weißen zu warnen, ist ein Freund unseres Volkes. Er soll erfahren, wonach er fragt – mit diesen Worten gibt der Häuptling das Stammeswissen für *Price* frei.

Und in feierlicher Form, *Price* an der Hand nehmend und sich auf einem Baumstamm niederlassend, führt der alte Indianer den Fremden in das Wissen ein. Sobald ein Elch erlegt und aufgebrochen ist, erfährt *Price*, werden Nebennieren und zweiter Magen entfernt und in so viele Stücke zerlegt, wie Angehörige, alte und junge, anwesend sind. Jeder bekommt seinen Anteil, und dieser Anteil bewahrt vor Skorbut.

Seit kurzem weiß auch die Wissenschaft, daß die Nebenniere ungewöhnlich reich an Vitamin C ist.

Der Gesundheitszustand dieser abgeschieden lebenden Indianer ist hervorragend. Ihre Körperbildung vollkommen. Ihre Ausdauer und Gewandtheit auf der Jagd bewundernswert. Die Schärfe ihrer Sinne, Auge, Ohr, Geruchsinn, ist sicherlich nicht nur auf ständige Übung zurückzuführen. Krankheiten sind wenig verbreitet. *Price* forscht vor allem nach Arthritis, findet aber keinen einzigen Fall; auch wird ihm von keinem berichtet. – Die Form der Zahnbögen ist durchweg schön gerundet, die Gesichtsbildung harmonisch, der Zustand der Zähne ausgezeichnet. In manchen Sippen findet sich kein einziger Zahn, der auch nur Spuren einer Karies aufweist. Bei der Untersuchung einer Sippe aus den Pelly-Bergen findet *Price* bei 87 Personen unter 2464 untersuchten Zähnen nur 4, die einmal von Zahnkaries ergriffen waren.

Dieses Bild vollkommener Gesundheit ändert sich rasch in jenen Gebieten, die in ständiger Verbindung mit der zivilisierten Welt stehen.

Schon auf der Hinfahrt hatte der Anblick deformierter Gebisse und kranker Zähne *Price* solange begleitet, wie eine regelmäßige Verkehrsverbindung mit der zivilisierten Welt bestand. In Telegraph Creek, Endpunkt der Schiffahrt auf dem Stikine und Stapelplatz eingeführter Lebensmittel, hatte die Untersuchung einen Kariesbefall von 25,5% aller Zähne gezeigt. Als Price sich wieder dem Grenzgebiet von Alaska nähert, das leicht von der See aus mit Handelswaren versorgt werden kann, steigt der Prozentsatz von Karies sogar auf 40%. In diesen Grenzbezirken der Zivilisation treten neben der Zahnkaries auch die anderen schon beschriebenen degenerativen Veränderungen der Kiefer und des Gesichts auf. Bemerkenswert ist auch die Beobachtung, daß bei den isoliert lebenden Sippen die Weisheitszähne ausnahmslos in der ganz regelmäßig gebildeten Reihe der anderen Zähne stehen und ihre Funktion voll ausüben können, während sich bei den zivilisierten Indianern hier besonders häufig Mißbildungen finden: durch Raummangel eingekeilte, schiefstehende, aus der Reihe gedrängte und zum Kauen nicht brauchbare Zähne.

Wer das umfangreiche Bilderbuch betrachtet, das *Price* von dieser Reise mitbringt, kann die Anklage nicht überhören, die aus diesen Aufnahmen spricht. Auf der einen Seite die Folge der Gesichter mit den makellosen Zähnen in wahrhaft schönen Gebissen, auf der anderen Seite die verbildeten Zahnbögen mit durcheinanderstehenden Zähnen und einem oft geradezu erschreckenden Zahnverfall. Es ist nicht schwer, sich die Leiden einer Bevölkerung vorzustellen, die von solchem Verfall betroffen ist, aber weder die Hilfe eines Arztes noch eines Zahnarztes in Anspruch nehmen kann. Die Fortschritte der Ernährungsweise sind offenbar nur in Verbindung mit den Fortschritten der modernen Medizin zu ertragen.

Die gleichen Indianerstämme, die sich in der Abgeschiedenheit einer so hervorragenden Gesundheit erfreuen, leiden in den zugänglichen Teilen ihres Wohngebiets an zahlreichen Krankheiten. Der allgemeine Verfall der Gesundheit geht dem Gebißverfall parallel. Es finden sich zahlreiche Fälle von Arthritis, und vor allem ist es die Tuberkulose, die unter den Kindern viele Todesopfer fordert. Auffallend ist auch die Zahl der Krüppel. Jenseits der Zivilisationsgrenze hat *Price* keine Krüppel gesehen. In einer von eingeführten Lebensmitteln lebenden Sippe findet er in etwa 20 Hütten 10 bettlägerige, zum Teil schwer mißgestaltete, verkrüppelte Kinder. Man hat ähnliche Feststellungen anderer Forscher mit der Hypothese zu erklären versucht, daß nicht voll lebensfähige Kinder unter den harten Lebensbedingungen der Wildnis schon bald nach der Geburt sterben. Vielleicht mag dieser Deutungsversuch hier und da zutreffen, aber im ganzen ist er zweifellos, mindestens für dieses Gebiet, irreführend. Denn die Tuberkulose findet ihre Opfer gerade unter den Kindern im Grenzgebiet der Zivilisation, nicht in der Wildnis, und auch andere, die Jüngsten bedrohenden Krankheiten sind hier viel weniger verbreitet als dort. In anderem Zusammenhang wird auf diese wichtige Frage noch zurückzukommen sein.

Price setzt seine Untersuchungen im Osten Kanadas, in den Provinzen Manitoba und Ontario fort. Im großen und ganzen bestätigen sie die Ergebnisse aus dem Nordwesten, aber sie fügen dem Bilde doch auch einige neue Züge ein, lassen die Konturen stärker hervortreten. Das Land zwischen Hudsonbay und den großen Seen ist historischer Boden, seit alters Treffpunkt vieler Stämme aus Nord und Süd. In den Wäldern und den Reservaten trifft *Price* viele Stämme, deren Namen wenn nicht durch die Geschichte, so doch durch die Geschichten berühmt sind: die Mohawks und Delawares, die Senecas und Oneidas und andere, die zur Nation der Irokesen gehören. Die Indianer, die von der Hudsonbay und der Jamesbay die Flüsse aufwärts kommen, um einmal im Jahr ihre Beute an Pelzen zu verkaufen, unterscheiden sich in Lebensweise und Gesundheitsstand nicht wesentlich von jenen im Nordwesten Kanadas. Aber ihre Stammesbrüder, die sich nördlich von Winnipeg an einer neu erbauten Bahnlinie niedergelassen haben, zeigen wiederum die deutlichen Zeichen des Verfalls.

Aus dem umfangreichen Material von *Price* sei hier nur ein Beispiel erwähnt. Ein indianisches Ehepaar aus dem Norden hat sich vor 10 oder 12 Jahren an der neuen Bahnlinie niedergelassen, um ihre Pelze bequemer gegen die Lebensmittel und Industriewaren des weißen Mannes tauschen zu können. Ihre hervorragende Konstitution hat auch in einem Jahrzehnt den Mängeln der neuen Ernährungsweise widerstanden. Ihr kräftiger Körperbau, ihre wohlgeformten Gesichter und die breiten Zahnbögen mit ganz regelmäßigen, gesunden Zähnen zeigen alle Merkmale der alten indianischen Rasse. Aber ihre beiden nach der Ernährungsumstellung geborenen Kinder sind Mundatmer, sie haben verengte Zahnbögen und zeigen eine Unterentwicklung des mittleren Drittels des Gesichts. Das ältere Mädchen, etwa 8 Jahre alt, ist an Tuberkulose erkrankt.

Lehrreich sind die Besuche in den Indianer-Reservaten. Die kanadische Regierung hat den Indianerstämmen fruchtbares Land zugeteilt, hat sie mit den Methoden der modernen Landwirtschaft bekannt gemacht, ihnen Schulen und Krankenhäuser gebaut. In manchen Reservaten herrscht Wohlstand; der Lebensstandard der Indianer unterscheidet sich kaum von dem der weißen Farmer. Im größten Reservat, in Brantford, Ontario, leben 4700 Indianer verschiedener Stämme. Vom Auto angefangen, verfügen sie über jeden modernen Komfort. Aber ihre Äcker sind für sie nach dem Vorbild der Weißen weniger Quelle der Nahrung, des Lebens, als mechanisierte Betriebe zur Erzeugung von verkaufsfähigen Waren. Die landwirtschaftlichen Erzeugnisse werden verkauft, die Indianer leben von den Nahrungsmitteln der Stadt – Konserven und nochmals Konserven, feinem Weizenmehl und weißem Gebäck, Marmelade, sehr vielen Zuckerwaren. Und mit ihrer alten Lebensweise haben diese Indianer auch ihre alte Gesundheit verloren. Die Ausbreitung degenerativer Krankheiten nimmt zum Teil solche Ausmaße an, daß die indianische Bevölkerung einer Lethargie verfällt und die Reservate, wie das schöne am Winnipegsee, den Eindruck des Elends machen. Verfallene Wohnungen, schlecht gepflegte, magere Rinder und Pferde, stumpf wirkende Menschen. Hier stellt *Price* einen Kariesbefall von fast 40% aller untersuchten Zähne fest.

Eine bedeutsame Feststellung in dem modern eingerichteten Krankenhaus des Brantford-Reservats sei zunächst nur vermerkt. Der leitende Arzt, Dr. *Davis*, berichtet, wie sich in den 40 Jahren seiner Tätigkeit an dieser Stelle das Bild der Patienten verändert habe. Heute ist das Krankenhaus vorwiegend mit schwangeren Frauen belegt. Die Mütter der heutigen Patientinnen suchten das Krankenhaus selten auf, die Großmütter nahmen ein Tuch und gingen allein oder in Begleitung einer Angehörigen in den Busch. Dort brachten sie das Kind ohne jede Komplikation zur Welt und kehrten gelassen in ihre Hütte zurück. Am Tage, an dem *Price* das Krankenhaus besichtigt, hat Dr. *Davis* zwei operative Eingriffe machen müssen, um Indianerkindern den Eintritt ins Leben zu ermöglichen. – „So ist das heute“ –, sagt er bedauernd zu *Price*.

Price untersucht die Zähne der Patientinnen, 83% von ihnen haben kariöse Zähne oder, umgerechnet auf die Zahl aller untersuchten Zähne: 23,2% aller Zähne sind krank.

Einen aufschlußreichen Vergleich bieten die gegensätzlichen Untersuchungsergebnisse zweier Schulen. Es handelt sich in beiden Fällen um Indianerkinder zwischen 8 und 16 Jahren. Von den die Reservatschule Brantford besuchenden, zu Hause wohnenden Kindern hatten 90% schon einmal an Zahnkaries gelitten, bei 70% bestand eine aktive Karies. Anders gerechnet waren 28,5% aller untersuchten Zähne von Karies gezeichnet.

Die andere Schule, das Mohawk-Institut, ist ein Internat, in dem etwa 160 Zöglinge in den üblichen Fächern unterrichtet werden und daneben eine handwerkliche, landwirtschaftliche oder hauswirtschaftliche Ausbildung erhalten. 77% dieser Kinder hatten früher einmal Zahnkaries gehabt, 17% aller untersuchten Zähne zeigten Spuren überstandener Karies. Aber *Price* findet bei diesen Kindern nicht einen einzigen Fall aktiver Karies, offensichtlich liegen die abgeklungenen Krankheitsfälle alle vor dem Eintritt der Zöglinge ins Internat. Das Mohawk-Institut beköstigt seine Schüler vorwiegend aus dem Ertrag der eigenen Landwirtschaft. Die Kinder erhalten Vollkornbrot, frisches Gemüse und frische Milch aus der eigenen Wirtschaft. Der Verbrauch von Zucker und weißem Mehl ist sehr eingeschränkt.

Man muß einen Blick auf den größeren Zusammenhang werfen. Die Entwicklung des Menschen wird durch Vererbung und Umwelt bestimmt. Die Erbanlage ist einmal gegeben, über die von ihr gesetzten Grenzen gelangt kein Mensch. Wo liegen aber diese Grenzen? Die Anpassungsfähigkeit des Menschen an verschiedene Umweltbedingungen und ihre Wandlung haben dazu verleitet, die unveränderliche Macht der Erbanlage sehr hoch und den Einfluß der Umwelt gering einzuschätzen. Auch die Anpassungsfähigkeit der indianischen Rasse an die verschiedenen, vielfach gegensätzlichen Klimabedingungen scheinen diese Anschauung zu bestätigen. Wie aber kommt dann überhaupt eine Degeneration zustande? Die oft angenommene ungünstige Mischung verschiedener oder in gleicher Weise überzüchteter Erbanlagen fällt hier als entscheidende Ursache aus. Denn Wesentliches hat sich in dieser Hinsicht weder bei den Eskimos noch bei den Indianern verändert. Die gleiche Mischung, die Jahrhunderte, ja Jahrtausende gesunde Menschen hervorbrachte, kann nicht in *einer* Generation plötzlich zu Degenerationserscheinungen führen.

Aber zu den Umweltfaktoren gehört auch der oft übersehene Faktor der Nahrung. Und wer *Price* auf seiner Reise begleitet hat, wird die Wirkung dieses Umweltfaktors mit größter Aufmerksamkeit betrachten. Deutet nicht alles darauf hin, daß auch die anpassungsfähigste Rasse sich an willkürliche Änderungen des Faktors Nahrung nicht anpassen kann?

Verschiedentlich hatten wir bei solchen Eskimos und Indianern Gebißverfall und andere Degenerationserscheinungen auftreten sehen, bei denen alle Umweltbedingungen unverändert geblieben waren – bis auf eine, die Nahrung. Hier, bei den Kindern des Mohawk-Instituts, liegt der Fall fast umgekehrt. Im Verhältnis zum Dasein ihrer Großeltern waren fast alle Umweltverhältnisse verändert, aber die vollwertige Nahrung führte zum Rückgang bereits begonnener Verfallserscheinungen. Man muß diesen Tatbestand im Auge behalten. Es ist ein kleiner und wie leicht zu machender Schritt, der Schritt von einer Ernährungsart zur anderen, aber die Folgen scheinen schwerwiegender zu sein als der umwälzende Wechsel vieler anderer Umweltfaktoren.

In den Reservaten der Vereinigten Staaten bietet sich das gleiche Bild wie in Kanada, nirgends ist die Konstitution der indianischen Rasse der Wirkung moderner Mangelnahrung gewachsen, mögen die anderen Umweltbedingungen sonst auch noch so günstig sein.

So stellt *Price* im Tuscarora-Reservat, unweit der Niagarafälle, bei wirtschaftlich guten Verhältnissen, einen starken Gebißverfall fest. 83% der Untersuchten haben Zahnkaries, 38% aller Zähne sind krank. *Price* besucht die einzelnen Familien und vermerkt als Beispiel eines typischen Befunds: Vater mit Lungenleiden, wahrscheinlich Tuberkulose, bettlägerig. Mutter mit schwer geschädigtem Gebiß – fehlende Zähne, Goldkronen, 20 Zähne mit aktiver Karies. Kinder: vierjährige Tochter 12 kariöse Zähne, achtjährige Tochter 16 kariöse Zähne, zehnjähriger Sohn 6 kariöse Zähne. Die Ernährung besteht in diesem Reservat vorwiegend aus Weißmehlerzeugnissen, Konserven, denaturierten Fetten und auffallend viel Süßwaren – Marmeladen, Sirup, Konfekt und sonstigen Süßigkeiten.

Price führt weitere eingehende Untersuchungen bei den Indianerstämmen an der Küste des Pazifik und in Florida durch. Sie bestätigen im wesentlichen die bisherigen Ergebnisse. In Florida ist ein aufschlußreicher Vergleich zwischen den Knochenfunden aus vorkolumbianischer Zeit mit dem Befund eines dort noch unter primitiven Verhältnissen lebenden Stammes und den zivilisierten Indianern in der Nähe von Miami möglich.

Die Skelette aus den Grabhügeln aus der Zeit vor der Entdeckung Amerikas zeigen in allen Teilen eine ungewöhnlich schöne Ausbildung. Gelenkerkrankungen sind nirgends feststellbar. Bei mehreren Hundert untersuchten Schädeln findet sich kein einziger kariöser Zahn, keine einzige Mißbildung des Zahnbogens oder der Gesichtsknochen. Die Nachkommen dieser Indianer in den schwer zugänglichen Zypressensümpfen Floridas haben sich ihre körperliche Vollkommenheit bis heute weitgehend bewahrt. Hier findet *Price* zwar keine hundertprozentige Immunität gegen Karies, aber immerhin sind es nur 4 Zähne von 100, bei denen Kariesspuren zu bemerken sind. Dieser Prozentsatz steigt auf 40% bei den zivilisierten Indianern des gleichen Stammes. Hier finden sich auch vielfach Mißbildungen der Knochen und Arthritis.

Die Umweltbedingungen auf der Insel Vancouver kann man geradezu als extrem günstig bezeichnen. Das milde, ausgeglichene Klima gehört zu den gesündesten an der pazifischen Küste. Die umgebenden Küstengewässer, durch die vorgelagerte Inselwelt geschützt, bergen einen selten anzutreffenden Überfluß an Seetieren. Unerschöpflich scheint hier der Reichtum an verschiedenen Lachsarten, an Kabeljau, Heilbutt und Olaschen, jener Stintart, die auch Kerzenfisch genannt wird, weil der Fisch so ölhaltig ist, daß er, angezündet, wie eine Kerze brennt. Auch Robben und Wale gelangen in diese Gewässer.

„Zu Anbeginn gab Gott jedem Volk eine tönerne Schale, und aus dieser Schale tranken sie ihr Leben" – heißt ein altes indianisches Sprichwort. In dieser Gegend der pazifischen Küste bietet die Schale des Lebens dem Menschen alles, was er zu einer glücklichen Entfaltung braucht. Die hier seßhaften Indianerstämme waren ein kraftvolles, selbstbewußtes Geschlecht, dessen eigenartige, hochentwickelte Kultur die Wissenschaft seit langem angezogen hat. Ihre großen Mehrfamilienhäuser, ihre seetüchtigen Boote, ihre prachtvollen großen Wappenpfähle, ihre mit Malereien und Schnitzereien bedeckten Vorratskisten aus Zedernholz, Hausrat und Kultgegenstände zeugen von Reichtum und künstlerischen wie handwerklichen Fähigkeiten. Es waren tatkräftige, abenteuerlustige Seefahrer, die weite Reisen nach Norden und nach Süden unternahmen. Die Einladungen zu ihren großen festlichen Veranstaltungen wurden auf Hunderte von Meilen längs der Küste versandt. Diese „Potlatsch" genannten Feste gipfelten in einem Wettstreit der Freigebigkeit, wenn der gastgebende Häuptling seinen angesammelten Reichtum verschenkte. „Wir kämpfen nicht mit Waffen, sondern mit unserem Besitz" – sagten die Kwakiutl auf Vancouver Island. „Bringt eueren Deckenzähler her, ihr Stämme, auf daß er vergebens die Reichtümer zu zählen versuche, die der Große Kupferplattenmacher, der Häuptling, wegzuschenken gedenkt!" Mit solch übermütigen Worten rühmten sich die Indianer auf diesen Festen ihres Überflusses. [68])

Bei den Kwakiutl-Indianern auf der Insel Vancouver hat sich diese Kultur bis zur Mitte des vorigen Jahrhunderts erhalten. Aber aus Gräberfunden weiß man auch vieles über Jahrhunderte zurückliegende Generationen dieser Indianer. Man kennt auch, was in unserem Zusammenhang interessiert, ihre Ernährungsweise und ihre Gesundheit. Fischfang und Jagd waren die Hauptbeschäftigung der Männer. Ackerbau wurde nicht getrieben, allenfalls einige kleine Flächen mit Klee und Fingerkraut bestellt. Aber wild wachsende Wurzeln und Beeren gehörten zur täglichen Kost. Von den Seetieren waren auch Muscheln häufiger Bestandteil des Speisezettels.

Schädel und Skelette über einen Zeitraum von Jahrtausenden zeigen eine vollkommene Ausbildung, keine Degenerationsmerkmale, ganz symmetrisch geformte Zahnbögen, schöne Zähne, die völlig frei von Karies sind.

Und die Kwakiutl von heute? Sie scheinen auch in unseren Tagen vom Schicksal begünstigt zu sein. Die sich ausdehnende Stadt Victoria sah sich genötigt, einen Teil des angrenzenden Reservats der Indianer zu erwerben. Die Indianer erhielten als Gegenleistung anderes Land, jede umgesiedelte Familie ein fertiges Haus und eine hohe Geldentschädigung. So gehören die Vancouver-Indianer zu den wohlhabendsten Stämmen. Sie sind modern eingerichtet, besitzen Autos und leben von – Konserven. Hier findet *Price* keinen Indianer, der frei von Zahnkaries ist. 48,5% aller untersuchten Zähne sind kariös. Und das, obschon sie von einem tüchtigen Zahnarzt behandelt werden, der seine Patienten über vorbeugende Mundhygiene belehrt.

Price reist der Küste entlang nordwärts und setzt im südlichen Zipfel Alaskas seine Untersuchungen fort. In den Städten, in denen die Bevölkerung vom Fischreichtum vor ihrer Tür kaum noch Gebrauch macht, findet er Zahnkaries, Tuberkulose, Arthritis weit verbreitet. In Ketchikan sind 46,6, in Juneau 39,1% aller untersuchten Zähne kariös. Im Krankenhaus der letztgenannten Stadt liegen Indianer und Eskimos, 75% der Kranken haben Tuberkulose, die Hälfte von ihnen ist noch nicht 21 Jahre alt.

Gelegentlich stößt *Price* auf ältere Indianer mit überraschend schönem Gebiß und vollständig gesunden Zähnen. Ihre Befragung ergibt immer, daß sie aus entlegenen Gebieten kommen, sich nur vorübergehend in der Stadt aufhalten und daß ihre Nahrung die überlieferte Kost ist: Fisch, Rogen, Seetang, Wild, Wurzeln, Beeren. Manche von diesen Leuten sind 70 Jahre alt und vollständig gesund. Beim Besuch von Indianerwohnungen in Anchorage stößt *Price* auf einen Fall, den er als charakteristisch für die Lage bezeichnet. Eine Indianerin von 29 Jahren hat einen Weißen geheiratet und lebt von der üblichen Zivilisationskost. Von ihren 32 Zähnen sind 21 von Karies entstellt, mehrere bis zur Wurzel abgefault. Von ihren 8 Kindern, von 5 Jahren aufwärts, ist keines gesund, 37% ihrer Zähne sind kariös. Die Großmutter, eine sehr gesund wirkende Frau von 63 Jahren, und deren vierundzwanzigjähriger Sohn sind gerade zu

Besuch anwesend. Die beiden kommen vom nördlichen Ufer der Cookbay und haben sich dort vom Fleisch von Elch und Hirsch, von frischem und getrocknetem Fisch, von etwas Gemüse und gelegentlich von Moosbeeren genährt. Der alten Frau fehlt ein Zahn, alle anderen Zähne sind gesund. Die Zähne ihres Sohnes sind bis auf einen gesund, der Spuren von Karies zeigt.

Bemerkenswert ist, wie rasch und wie gern fast überall die moderne Ernährungsweise übernommen wird, wo den primitiven Indianern oder Eskimos die Gelegenheit zum Kauf von Lebensmitteln geboten wird. Warum die alte Stammeskost so leicht aufgegeben wird, diese Frage muß zunächst ebenso unbeantwortet bleiben wie die andere, ob denn der Mensch keinen Instinkt dafür besitzt, was ihm zuträglich ist. Auch ein anderes Problem kann auf Grund der bisher vorliegenden Tatsachen noch nicht gelöst werden, aber es wird doch wenigstens aufgehellt: das Problem der Tuberkulose unter Primitiven. Diese Frage ist deshalb so wichtig, weil sie eng mit dem Degenerationsproblem zusammenhängt, einem Komplex also, aus dem sich so viele Bedrohungen der zivilisierten Menschheit ergeben. Der Chefarzt des staatlichen Krankenhauses in Anchorage, Dr. *Romig*, berichtet *Price* von seinen Erfahrungen. Er ist fast 40 Jahre unter primitiven und zivilisierten Eingeborenen tätig gewesen und hat die Wirkung der sich in diesem Zeitraum ändernden Lebensbedingungen sorgfältig beobachtet. *Romig* hat unter den noch primitiv lebenden Eingeborenen nicht einen einzigen Fall einer bösartigen Geschwulst gefunden. Dagegen sind solche Fälle unter den zivilisierten Eingeborenen häufig. Krankheiten der inneren Organe, der Galle, der Niere, des Magens, des Blinddarms, die einen chirurgischen Eingriff nötig machen, sind nach *Romig* bei den Primitiven selten. Dagegen treten sie auffallend häufig bei jenen Eskimos und Indianern auf, die die Lebensweise der Zivilisierten angenommen haben.

Ähnlich verhält es sich mit der Tuberkulose. Einzelne Fälle von Tuberkulose hat es wohl immer auch unter primitiven Lebensverhältnissen gegeben, aber als eine die Bevölkerung bedrohende Seuche ist die Tuberkulose erst seit der Zeit des Eindringens der Zivilisation aufgetreten. *Romig* hat in seiner langen Praxis immer aufs neue bei der großen Zahl von Tuberkulosefällen die Beobachtung gemacht, daß die Krankheit unter den Umweltbedingungen der Zivilisation zum weiteren Umsichgreifen und zu tödlichem Ausgang neigt, während sie in der Umwelt der Primitiven einen leichteren Verlauf nimmt und die Zahl der Todesfälle durch Tuberkulose dort weit niedriger ist. Die in vier Jahrzehnten gesammelten Erfahrungen haben *Romig* dazu gebracht, an Tuberkulose erkrankte Eingeborene nach Möglichkeit in ihre primitiven Verhältnisse mit ihrer überlieferten Ernährungsart zurückzuschicken. Eine große Zahl dieser Kranken erholt sich dort wieder und wird gesund. Eine Ausbreitung der Tuberkulose durch solche zu ihren Sippen zurückkehrende Kranke ist nicht festgestellt worden.

Auch andere eingeschleppte Infektionskrankheiten haben bei ausbrechenden Epidemien viele Opfer unter Eskimos und Indianern gefordert. Im Jahre 1903 raffte zum Beispiel eine Masernepidemie ein Fünftel der Eskimobevölkerung im Mackenziegebiet hinweg. Hier handelt es sich um ähnlich periodisch auftretende Krankheiten, wie sie auch Europa mit Pest, Cholera und anderen Seuchen gekannt hat. Die Tuberkulose muß man gesondert betrachten, denn sie ist zum ständigen Gast in den Wohnungen der zivilisierten Eingeborenen geworden.

Der in Sitka, Alaska, ansässige Arzt machte *Price* darauf aufmerksam, daß bei einer Bevölkerung von 800 Weißen und 400 zivilisierten Indianern doppelt so viele Indianerkinder geboren werden als Kinder der Weißen. Aber im Alter von 6 Jahren ist die Zahl der Indianerkinder bereits kleiner als die der Weißen, weil vor allem die Tuberkulose unter den Indianern wütet.

In Seward untersucht *Price* die Zöglinge eines Internats, das von Nome hierher verlegt worden ist. Es sind Kinder aus verschiedenen Teilen Alaskas, von der Beringsee und den Aleuten, die hier ihre Ausbildung erhalten. Sie stammen zumeist aus zivilisierten Eskimo- und Indianerfamilien. Die hygienischen Verhältnisse im Internat sind vorzüglich, eine Krankenstube ist vorhanden, auch sind hier ausgebildete Krankenschwestern tätig. Und doch ist der Kampf gegen die Tuberkulose nicht zu gewinnen. Von den aus Nome hierher verlegten Schülern sind bereits mehr als die Hälfte an Tuberkulose gestorben. In diesem Internat sind 27,5% aller Zähne der Schüler kariös.

Als Erklärung für die hohe Anfälligkeit der Eskimos und der Indianer für Tuberkulose und auch für den raschen und so oft tödlichen Verlauf dieser Krankheit hat man den Mangel an einer erworbenen Immunität verantwortlich machen wollen. Zweifellos spielt das Fehlen einer spezifischen Immunität bei dem seuchenhaften Auftreten der Tuberkulose eine Rolle, aber damit ist die Frage nicht erschöpfend beantwortet.

Die Luft im hohen Norden gilt als weitgehend bakterienfrei. Damit hat man zu erklären versucht, warum die Tuberkulose bis vor kurzem in den arktischen und subarktischen Gebieten fast unbekannt war. Dem widerspricht die Tatsache, daß die Bazillen heute in diesen Gebieten einen so günstigen Boden zu rascher Ausbreitung und starker Virulenz finden. Wann und wo haben sich die Verhältnisse so grundlegend geändert?

Für die Indianer der kanadischen Ebenen gibt es ein festes Datum für den Beginn des raschen Umsichgreifens der Tuberkulose: 1880. In diesem Jahr waren die riesigen Büffelherden der Prärien ausgerottet, und die Indianer sahen sich genötigt, ihre Ernährung umzustellen. Sie wurden in den Reservaten seßhaft. Man hat gemeint, daß das enge Zusammenleben unter hygienisch schlechten Verhältnissen für die nun einsetzende hohe Sterblichkeit durch Tuberkulose verantwortlich ist. Aber auch das kann nur eine halbe Wahrheit sein, mit der man sich nicht abfinden darf. Man muß sich daran erinnern, daß in den harten Wintermonaten die Eskimos in ihren fensterlosen Schneehäusern und die Indianer in ihren ebenso fest verschlossenen Holzhütten weit stärker zusammengepfercht lebten und die hygienischen Verhältnisse mindestens im Vergleich mit den modernen Reservaten zweifellos ungünstiger waren. Und eine Ansteckungsgefahr bestand immer, denn völlig unbekannt war die Tuberkulose nicht, auch wenn sie sich auf einzelne Fälle mit meist gutartigem Verlauf beschränkte.

So drängt sich die Frage auf, ob nicht die Art der Ernährung bei der Ausbreitung und dem Verlauf der Tuberkulose eine weit größere Rolle spielt, als allgemein angenommen wird. Dafür spricht auch die Tatsache, daß die Seuche die günstigsten Voraussetzungen unter den zivilisierten Eingeborenen findet, nicht in der Wildnis mit ihrer überlieferten Ernährungsart. Dafür sprechen auch die mitgeteilten ärztlichen Beobachtungen über ihren Verlauf in Grönland und im Krankenhaus von Anchorage bzw. dem benachbarten unzivilisierten Gebiet.

Wenn man sich die Umwelt des Menschen in ihre einzelnen Faktoren physischer und psychischer Art aufgeteilt denkt (Klima und Boden, Arbeits- und Wohnverhältnisse, Erziehung und Sozialverfassung usw.), so wird man dem Faktor Ernährung zwar nicht überall eine entscheidende Bedeutung beimessen, aber ihm doch die Funktion einer Grundlage des Lebens zubilligen. Insofern darf man die Nahrung als Umweltfaktor Nr. 1 bezeichnen.

Es scheint nun aus den bisher mitgeteilten Beobachtungen bei den primitiven Völkern hervorzugehen, daß zweifellos bei der Ausbreitung der Zahnkaries, wahrscheinlich bei vielen anderen Zivilisationskrankheiten dieser Umweltfaktor Nr. 1 entscheidend mitspielt. Er öffnet oder verschließt das Tor für den Eintritt des Krankheitsvorgangs. Selbstverständlich gibt es keine Tuberkulose ohne Infektion, und ebenso selbstverständlich ist die Bedeutung einer erworbenen speziellen Immunität. Aber man muß daneben die Möglichkeit im Auge behalten, daß die Entartungserscheinungen unseres Zeitalters auf einer einschneidenden Änderung des Umweltfaktors Nr. 1 beruhen, daß sich ihr der Mensch nicht mehr anzupassen vermag und die Natur nicht mehr mit einer Höher- oder Weiterentwicklung, sondern mit einer Verkümmerung antwortet.

Zudem kann noch ein anderer Zusammenhang zwischen Ernährung und Tuberkulose bestehen. Gibt es einen Konstitutionstyp, der gewissermaßen für Lungentuberkulose prädestiniert ist? Wir zitieren *Weisman:* „In früheren Untersuchungen über die Form des normalen und des tuberkulösen Brustkorbs konnte festgestellt werden, daß der normale Brustkorb im allgemeinen flach und breit, der tuberkulöse tief und eng ist. Es konnte gezeigt werden, daß der tiefe Brustkorb ein unterentwickelter, primitiver Typus ist, der den normalen Entwicklungsprozeß nicht mitgemacht hat.“ [65])

Zum vererbten Konstitutionstyp sowohl der Eskimos wie der Indianer gehört ein normaler Brustkorb. *Price* fand, daß bei jenen Stämmen, die ihre Ernährungsart zugunsten der eingeführten denaturierten Lebensmittel aufgegeben haben, neben dem Gebißverfall auch Konstitutionsänderungen bei der jungen Generation in großem Ausmaß auftreten. Da die Erbanlage nicht verändert ist, kann es sich nur um eine Unterentwicklung handeln: Der vererbte Typus wird nicht mehr voll reproduziert, das Fehlen gewisser Stoffe in der Nahrung läßt die Entwicklung nicht zur vollen Entfaltung kommen.

Die auf diese Weise zustande kommende Unterentwicklung des Gesichts ist auffallend, die Verengung, also Unterentwicklung, des Beckens vielfach bezeugt, die Verengung des Brustkorbs oft beobachtet. Es erhebt sich die Frage, ob die Mangelnahrung auch auf diesem Wege dem Krankheitsgeschehen, hier also der Tuberkulose, die Bahn frei macht.

Die glücklichen Inseln der Südsee

Die Bewohner der gemäßigten Zonen haben sich immer weit eher zu den sonnigen, warmen und fruchtbaren Ländern des tropischen Gürtels der Erde hingezogen gefühlt als zu den arktischen Randgebieten des Lebens. So ist auch die Vorstellung eines gesunden, glücklichen, sorgenfreien Daseins mit der Inselwelt im südlichen Pazifischen Ozean verknüpft. Und in der Tat waren schon die alten Seefahrer, die den Pazifik für Europa entdeckten, von der Schönheit, Freundlichkeit und Gesundheit der Inselbevölkerung beeindruckt. Für viele blieben diese tropischen und subtropischen Inseln Traum und Sehnsucht, Idealbild einer paradiesischen Welt.

Auf der Suche nach der verlorenen Gesundheit der zivilisierten Menschheit übte der südliche Pazifik auf *Price* eine starke Anziehungskraft aus. Will man ein allgemeingültiges Bild der menschlichen Gesundheit und ihrer Voraussetzungen gewinnen, so heißt es, wie bei einem Mosaik, Steinchen an Steinchen zu fügen. Alaska und der hohe Norden Kanadas hatten wichtiges Material geboten, nun kam es darauf an, es durch Erfahrungen in einer gegensätzlichen Welt zu ergänzen. Die Rolle, die die Einführung der üblichen Zivilisationskost in den kargen Gebieten des Nordens spielt, war eindeutig. Aber gegen die Verallgemeinerung dieser Erfahrung gibt es einen ernst zu nehmenden Einwand. Man kann meinen, daß der Lebensweg des Menschen dort, am Rande jeder Lebensmöglichkeit, so schmal und so gefährdet ist, daß schon die geringste Abweichung Untergang bedeutet. Dann muß man umgekehrt erwarten, daß die Überfülle des Lebens im Süden dem Menschen einen weiten Spielraum bietet. Die Fruchtbarkeit des Bodens, die Kraft der Sonne und der Reichtum an Leben aller Art müssen dem Menschen auf den glücklichen Inseln der Südsee, so sollte man meinen, seine Gesundheit und seine Zufriedenheit auf immer bewahren.

So beschließt *Price* die Gesundheitsverhältnisse dieses weiten Gebiets gründlich zu erforschen. Er stellt sich die Aufgabe, die Lebensgewohnheiten der Melanesier, der Polynesier, der Maoris und der Australier zu beobachten, vor allem auch die Unterschiede zwischen den zivilisierten Gruppen und den noch abgeschieden lebenden primitiven Stämmen zu untersuchen. Die großen Entfernungen schrecken ihn nicht, denn er ist zutiefst von der Notwendigkeit dieser Erkundungen durchdrungen.

Price hat zwei Forschungsreisen in die Gegend des südlichen Pazifischen Ozeans durchgeführt. Die erste führte ihn zu den Marquesas-Inseln, zu den Gesellschafts-Inseln und den Cook-Inseln, dann über die Tonga-Inseln nach Neu-Kaledonien. Schließlich ging es über die Fidschi-Inseln und Samoa nach Hawaii. Die zweite Reise galt vor allem Neu-Seeland, Australien und Neu-Guinea.

Schon der Beginn dieser Reisen zeigt, daß auch in diesen Gebieten dort nirgends mehr ursprüngliche Lebensverhältnisse anzutreffen sind, wo der moderne Verkehr hinreicht. Es ist leicht, von Inselgruppe zu Inselgruppe zu gelangen, aber schwierig, jene Siedlungen der Eingeborenen zu erreichen, die vom Zauber der Zivilisation noch unberührt sind. Und nur die Menschen dieser abgeschiedenen Gebiete können Ausgangspunkt und Maßstab für die Untersuchungen sein.

Price muß kleine Boote mieten oder zu Fuß die meist vulkanischen, gebirgigen Inseln durchqueren. Besonders Küsten, die durch vorgelegte Riffe Schiffen das Anlaufen unmöglich machen, erweisen sich als Horte der Gesundheit. Überblickt man das von *Price* auf diesen Reisen gesammelte Material, so muß man die Gründlichkeit und den Umfang dieser Arbeit eines einzelnen bewundern. Wo auch immer *Price* Eingeborene untersucht, stellt er ihre Stammeszugehörigkeit fest, macht Aufzeichnungen über Familie und Wohnsitz, fragt nach Lebenslauf, Krankheiten, Arbeit. Er notiert Alter, Konstitution, Gesundheitszustand. Er untersucht jeden Zahn, betrachtet die Kiefer- und Gesichtsbildung, schaut nach Zeichen einer Abweichung vom allgemeinen Rassetyp, läßt sich die Nahrung und Zubereitung zeigen. Er untersucht den Speichel, nimmt Speichelproben zur chemischen Analyse mit, sammelt Nahrungsproben und konserviert sie zu späterer genauer Untersuchung. Eine große Zahl von photographischen Aufnahmen veranschaulicht und ergänzt die Ergebnisse.

Und was ist das Ergebnis dieser vielseitigen Beobachtungen? Mit erschreckender Deutlichkeit wird offenbar, daß die schädigenden Wirkungen der Zivilisation stärker sind als die Gunst des Klimas, als die Fruchtbarkeit des Bodens und die jahrhundertealte Tradition. Bei aller Vielfalt der Völker, bei aller Verschiedenheit ihrer Konstitution, bei allen oft gegensätzlichen Lebensgewohnheiten ist die Gleichartigkeit der Zivilisationsschäden verblüffend. Sie sind die gleichen wie bei Eskimos und Indianern.

An verkehrsfernen Küsten der Cook-Inseln, der Tonga-Inseln und der Samoa-Inseln finden sich noch Menschen von schönstem Ebenmaß. Ihre Kiefer sind vollendet ausgebildet, die Zahnbildung fehlerfrei. Ihren kräftigen Körpern, ihrer Lebhaftigkeit und Unternehmungslust traut man die abenteuerlichen Bootsfahrten ihrer Vorfahren über 1000 Meilen offenen Ozeans noch heute zu. In Rarotonga, wo die Bevölkerung fast ausschließlich von der seit alters üblichen Nahrung lebt, findet *Price*, daß nur 0,3% aller untersuchten Zähne Spuren von Karies aufweisen. Der gleiche Prozentsatz gilt für abgelegene Gebiete von Samoa. Überall, wo die Eingeborenen noch ausschließlich von der eigenen Nahrung leben, sind die Untersuchungsergebnisse ähnlich, die Zahl kariöser Zähne steigt höchstens bis 0,6%!

Aber wie niederdrückend ist das Bild dort, wo ein Wechsel der Lebensweise stattgefunden hat! Auf den sieben Inseln der Marquesas-Gruppe leben Polynesier, die dank ihrer Schönheit und Gesundheit berühmt waren. Reisende, die die Inseln vor hundert Jahren besuchten, priesen begeistert das Glück dieses Volkes. Damals fanden hier 100 000 Eingeborene ihr reichliches Auskommen. Heute ist die Bevölkerung auf kaum mehr als 2000 Menschen zurückgegangen. Tuberkulose, Masern, Pocken und andere Infektionskrankheiten haben den morsch gewordenen Volkskörper zerstört. In einem Hafenort sieht *Price* einen Haufen kümmerlicher Gestalten stundenlang vor einer noch geschlossenen Ambulanz warten. Und dahinter im Hafen löscht ein Dampfer Mehl und Zucker und nimmt als Ladung getrocknete Kopra. Es ist ein merkwürdiger Gedanke, daß diese Eingeborenen für den unbestreitbaren Segen der modernen Medizin erst durch die Einführung der modernen Mangelnahrung empfänglich wurden. Die früheren Generationen kamen ohne ärztliche Hilfe aus, heute reicht die vielfach vorbildliche Organisation der Gesundheitsämter fast nirgends aus.

Der Zahnverfall ist in den von der Zivilisation berührten Inseln allgemein. Auf den Marquesas-Inseln findet *Price* 44% aller untersuchten Zähne von Karies befallen. Auf Tahiti, in der Hauptstadt Papeete, sind es 32%. Und wie anderswo ist der Zahnverfall von anderen Degenerationserscheinungen begleitet. *Price* stellt bei der jüngeren Generation, deren Eltern bereits ihre Ernährung auf importierte Lebensmittel umgestellt hatten, vielfach eine mangelhafte Ausbildung der Zahnbögen fest, eine Verengung der Gesichter, zu enge Nasenlöcher, zu schmale Brustkörbe. Unter so ganz anderen Lebensbedingungen sind es die gleichen Symptome wie bei Eskimos und Indianern.

Die Nahrung der Insulaner lieferte ursprünglich das Meer. Fische, Krabben, Krebse und andere Seetiere deckten den größten Teil des Nahrungsbedarfs. Früchte, Gemüse, Wurzeln wurden als Zukost verzehrt. An anderer Stelle wird über den Gehalt dieser ursprünglichen Eingeborenennahrung weiteres zu sagen sein.

Die Umstellung auf importierte Lebensmittel erfolgte aus verschiedenen Motiven. Zum Teil war es, wie auch anderswo, der Trieb, die überlegene Lebensart der Weißen nachzuahmen, dann Bequemlichkeit, oft aber auch ein wirtschaftlicher Zwang. Die Arbeiter in den Zuckerplantagen sind ebenso wie die Hafenarbeiter darauf angewiesen, sich und ihre Familien von den importierten Massenlebensmitteln zu erhalten: weißem Mehl, poliertem Reis, Zucker, Sirup, allerlei Süßwaren und Feinmehlgebäcken. Auf Neu-Kaledonien findet *Price* einen Stamm reinrassiger Melanesier, breitschultrige, sehr muskulöse Männer, deren Gesundheitszustand ausgezeichnet ist. Die Untersuchung ihrer Zähne ergibt, daß nur 0,1% kariös sind. Obgleich sie im Innern der großen Insel wohnen, beanspruchen sie einen Küstenstreifen als ihren Besitz, um von dort aus auf den Fischfang zu gehen. Als 1907 an dieser Küste eine Zuckerplantage angelegt werden sollte, erhoben sich die Eingeborenen, zerstörten die französische Kolonie und töteten die Weißen. Sie betrachten auch heute noch die Nahrung aus dem Meer als lebenswichtig und wollen um keinen Preis vom Zugang zur See abgeschnitten werden. Die im nahen Hafenort lebenden Eingeborenen zeigen demgegenüber einen starken Zahnverfall (26% Karies), Degenerationssymptome bei der Jugend und allgemein eine gesteigerte

Anfälligkeit für Infektionen. Sie ernähren sich vorwiegend von eingeführten Lebensmitteln; Fischfang betreiben sie nicht.

Aber nicht nur auf Neu-Kaledonien wissen es die Stammesverbände, daß sie das Meer als Nahrungsquelle brauchen, wenn sie gesund und leistungsfähig bleiben wollen. Auf den Fidschi-Inseln sucht *Price* nach Eingeborenen, die so weit ab von der Küste leben, daß sie keinen Fang von Seetieren betreiben können. Denn gerade das hofft *Price* in der Südsee zu finden: Eingeborene, die sich nur von Früchten und Pflanzen nähren. Denn es wäre von großer Wichtigkeit, die pflanzlichen Nahrungsmittel zu kennen, die allein, ohne Zugabe von Nahrungsmitteln tierischen Ursprungs, alles enthalten, was der Mensch zur vollen Entwicklung und zur Erlangung einer hohen Leistungsfähigkeit braucht.

Als besonders geeignet für eine solche Untersuchung erscheint die große Insel Viti-Levu. Denn die sogenannten Hügelstämme der Insel leben weit von der See und sind mit den Küstenstämmen verfeindet. *Price* kann zunächst eine neugebaute Straße für seinen Vorstoß ins Innere der Insel benutzen. Dann dringt er zu Fuß, von zwei kundigen Eingeborenen geführt, weiter vor. Aber er wird enttäuscht. Zu seiner Überraschung findet er im Innern der Insel ganze Berge von leeren Seemuscheln und erfährt, daß ein ständiger Austausch von Nahrungsmitteln zwischen den Inlands- und den Küstenstämmen stattfindet. Sogar in der Zeit erbitterter Kämpfe zwischen Bewohnern der Küste und den Stämmen des Innern wurde dieser Austausch nicht unterbrochen. An bestimmten Plätzen der Grenzzone legten die Hügelstämme nachts einige Traglasten ihrer pflanzlichen Nahrungsmittel nieder. Beauftragte der Küstenstämme holten sie im Dunkel der Nacht ab und hinterließen eine entsprechende Menge Fische oder andere Seetiere. Die Träger dieser Nahrungsmittel waren auch in Kriegszeiten unverletzlich.

Price erfährt, daß die Eingeborenen von Viti-Levu davon überzeugt sind, daß sie wenigstens einmal innerhalb von drei Monaten Seetiere verzehren müssen, um kräftig zu bleiben.

Diese Beobachtung erinnert an die Bräuche gewisser Negerstämme in Äquatorial-Afrika, die, im Hinterland wohnend, in bestimmten Zeitabständen dorfweise zur Küste vordringen, um Seetiere zu fangen und ein festliches Fischessen zu veranstalten, dessen Bräuche die wieder zunehmende Kraft des Stammes verherrlichen.

Solche Sitten zeigen, daß für den primitiven Menschen keineswegs alle Nahrung gleichwertig ist. Ob es sich um Eskimos oder um Bewohner der Tropen handelt, sie folgen in ihrer Ernährung den Erfahrungen von Generationen und besitzen ein Wissen von der Wirkung dieser und jener Nahrungsmittel. Und es ist ein durch nichts begründetes Vorurteil, daß erst der moderne Mensch begonnen hat, sich mit seiner Nahrung zu beschäftigen und ein Problem dort sieht, wo frühere Generationen und andere Völker sorglos den Zufall walten ließen.

In der Inselwelt des Pazifik drängt sich eine Beobachtung immer wieder auf, die geeignet ist, die rasche Auswirkung der importierten Mangelnahrung auf primitive Menschen zu illustrieren. Es gibt viele Inseln, die nur in Zeiten einer wirtschaftlichen Konjunktur von Schiffen angelaufen werden. Es fällt *Price* auf einigen Tonga-Inseln auf, daß viele Eingeborene deutliche Spuren einer ausgebreiteten Zahnkaries zeigen, deren Aktivität dann aber erloschen ist. Das ist um so erstaunlicher, als es keine Zahnärzte gibt und die Qualen eines unbehandelten Zahnverfalls die Kranken oft zur Verzweiflung treiben. Mehr als einmal hat *Price* auf dieser Reise von Kiefervereiterungen gehört, die zum Selbstmord führten.

Nun stellt sich heraus, daß die Perioden des aktiven Zahnverfalls mit den Zeiten einer Hochkonjunktur auf dem Kopramarkt zusammenfallen. Erstmals im ersten Weltkrieg und in den Jahren danach stiegen die Koprapreise auf das Zehn- und Zwanzigfache an. Damals lohnte es sich für die Handelsschiffe, auch die kleineren Küstenplätze anzulaufen und Kopra gegen Mehl und Zucker, Reis und andere industrielle Lebensmittel zu tauschen. Als die Nachfrage nach Kopra sank, für die Tonne Kopra schließlich nur noch 4 Dollar gezahlt wurden, blieben die Schiffe aus, und die Inselbewohner hatten nicht mehr die Mittel, sich importierte Waren zu kaufen. Das genügte, um den Zahnverfall auch ohne ärztliche Behandlung zum Stillstand zu bringen. Die Kinder, die nach einer Koprakonjunktur geboren sind, zeigen oft die auch sonst beobachteten Degenerationssymptome: Mängel in der Gesichts- und Kieferbildung.

Auf den Hawaii-Inseln, die *Price* mit dem Flugzeug bereist, ist es schwierig, primitiv lebende Eingeborene zu finden. Aber er trifft auch hier Insulaner, die sich wie seit je von Fischen und anderen Seetieren ernähren, dazu von Früchten und Gemüsen und dem aus der Taro-Wurzel nach einem Gärungsprozeß hergestellten „Poi". Von den untersuchten Zähnen dieser Eingeborenen sind 2% an Karies erkrankt, während der sonst gefundene Durchschnitt auf den der Zivilisation erschlossenen Inseln der Hawaii-Gruppe 37% beträgt.

Die Hawaii-Inseln sind zu einem Sammelpunkt verschiedener Rassen geworden. Die Zahl der reinrassigen Eingeborenen ist stark vermindert, an ihre Stelle sind Amerikaner, Japaner, Chinesen, Filipinos, Europäer getreten. Bedeutsam ist die Feststellung von *Price*, daß die Rassenmischung offenbar keinen Einfluß auf die Anfälligkeit für Karies hat. Die Häufigkeit von Zahnkaries, also im Grunde das Schwinden der Immunität, ist bei gleicher Kost unter Mischlingen die gleiche wie bei den reinrassigen Eingeborenen. Das gilt auch überall für die beobachtete Unterentwicklung der Kiefer und des Gesichts bei der zweiten Generation nach Übernahme einer Mangelnahrung.

Vielleicht ist es richtig, sich in diesem Zusammenhang zu vergegenwärtigen, daß *Price* auf der Suche nach Gesundheit und ihren wesentlichen, unabdingbaren Voraussetzungen ist. Er sucht daher jene primitiven Stämme auf, die vollkommen gesund sind. Denn selbstverständlich besitzt nicht die moderne Zivilisation allein eine Ernährungsweise, die krankhafte Erscheinungen hervorruft. Auch in der Südsee gibt es wie überall Volksgruppen, die an einer ausgesprochenen Mangelnahrung dahinsiechen.

Es sei nur die Insel Dobu an der Ostspitze Neuguineas erwähnt. Die Dobuer sind Melanesier, gehören also zu einer Rasse, deren gute Konstitution eine beständige Gesundheit zu verbürgen scheint. Bei den verwandten Stämmen auf den benachbarten Kiriwina-Inseln trifft das auch zu. Aber diese Inseln sind flach und fruchtbar und besitzen fischreiche Küstengewässer. Dobu dagegen hat eine zerklüftete vulkanische Oberfläche, ist nur teilweise mit einer Humusschicht bedeckt, die Fischerei ist nur wenig ertragreich. Es ist verständlich, daß sich der primitive Mensch, auf einer solchen Insel isoliert, nicht voll entwickeln kann und an manchen Mangelerscheinungen leidet. Vielleicht ist es kein Zufall, daß die Bevölkerung von Dobu bis zu ihrer Unterwerfung Kannibalen waren und daß sie heute noch bei den Nachbarn als ein hinterlistiges und gesetzloses Volk allgemein berüchtigt und gefürchtet sind.

Wenn man aber von einer Mangelnahrung der Primitiven spricht, so darf man nicht übersehen, daß sie der Armut, der Not, einem Unvermögen, mit der kargen Umwelt fertig zu werden, entspringt, während die Mangelnahrung der Zivilisation – in fast groteskem Kontrast – im Reichtum, im Überfluß, in der souveränen Beherrschung und Umgestaltung der Umwelt wurzelt. Der Primitive empfindet seine Lage als Verhängnis, der Zivilisierte muß etwas wie Schuld fühlen. Dieser Gesichtspunkt ist wichtig und auch für *Price* ein ständiger Ansporn zur Weiterarbeit und zur Hoffnung, denn es bedarf nur des Wissens, der Einsicht und des Willens, um die der zivilisierten Menschheit von dieser Seite drohende Gefahr erfolgreich zu bekämpfen.

Zweierlei Maoris auf Neuseeland

Die durch die atemraubende Entwicklung von Technik und Chemie möglich gewordene neue Lebensweise des Menschen der europäisch-amerikanischen Zivilisation kann als ein großes, weltweites Experiment gelten. Das trifft vor allem auch auf die seit hundert Jahren im Gang befindliche Umstellung auf den Verbrauch hochgradig verfeinerter und industriell erzeugter Lebensmittel zu. Die Entwicklung zur totalen Zivilisationskost hat in den letzten Jahrzehnten und Jahren eine sprunghafte Beschleunigung angenommen, aber der Zeitraum, den wir überblicken, ist doch so kurz, daß es nicht ohne weiteres möglich ist, ein Urteil über die Ergebnisse zu fällen. Wenn wir nur das Gestern mit dem Heute vergleichen, erscheint uns der Unterschied gering; dann ist man nur allzu leicht geneigt, die Folgen des Experiments zu unterschätzen. Tragweite und Gefahr des Ernährungsexperiments, an dem wir alle in geringerem oder größerem Ausmaß teilnehmen, wird erst sichtbar, wenn wir Anfang und vorläufiges Ende der Entwicklung nebeneinander betrachten.

Die Verhältnisse auf Neuseeland sind für die Fragen, um die es hier geht, besonders aufschlußreich. Diese schöne Doppelinsel mit ihren schneebedeckten Bergen und grünen Triften, den fruchtbaren Ebenen und den fischreichen Küsten, dem gemäßigten Klima und der beneidenswerten geographischen Lage fern von allen Brennpunkten der Weltpolitik, scheint dazu vorbestimmt, eine Bevölkerung von bester Gesundheit hervorzubringen. Es kommt hinzu, daß die Besiedlung des weiten Landes im Verhältnis zu seinen natürlichen Reichtümern gering ist. Zwei Millionen Menschen verfügen hier über 268 000 Quadratkilometer. Der Boden gibt weit mehr her, als seine Bewohner verbrauchen können. Und so gehört Neuseeland zu den bedeutendsten Exportländern der Welt für Molkereierzeugnisse, für Schafwolle, auch für Obst, Gemüse, Honig.

Für den Bevölkerungsüberschuß Europas mußte ein solches Land eine starke Anziehungskraft haben. Und so ist Neuseeland heute fast ausschließlich von Menschen europäischer Abstammung bewohnt. Die Urbevölkerung ist auf einen Rest von 40 000 reinrassigen Maoris zusammengeschrumpft. Die Maoris sind ein schöner, wohlgebildeter Menschenschlag, intelligent und bildungsfähig. Sie haben die Lebensweise der europäischen Einwanderer rasch angenommen, und viele sind ganz in der westlichen Zivilisation aufgegangen. Sie haben ihre Vertreter im Parlament und genießen volle Gleichberechtigung.

Der Reichtum der Insel ermöglichte es, ein mustergültiges Gesundheitswesen zu organisieren. Besonders die Fürsorge für die heranwachsende Jugend ist vorbildlich. Die meisten Schulen besitzen eigene Zahnkliniken, in denen die Kinder kostenfrei untersucht und behandelt werden. Alle Kinder, bei den Zwölfjährigen beginnend, werden systematisch von Amtszahnärzten und gut ausgebildeten Helferinnen betreut. Jüngere Kinder können nach Wunsch der Eltern in diese Fürsorge aufgenommen werden. *Price* ist von diesen Einrichtungen begeistert, er muß zugeben, daß die Behandlung in den Schulkliniken den Durchschnitt der Arbeit amerikanischer Dentisten weit übertrifft.

In fast idealer Weise scheinen hier alle Voraussetzungen vereinigt, die das Wohlbefinden des Menschen sicherstellen. Hier darf man vermuten, den vollständig gesunden Menschen zu finden. Mit großen Erwartungen beginnt *Price* seine Untersuchungen. Er beschränkt sich zunächst auf die Maoris. Er reist von Ort zu Ort, findet die eingeborene Bevölkerung überall zivilisiert und untersucht in den gut eingerichteten Schulen und Zahnambulatorien, von den Behörden bereitwillig unterstützt, die Schuljugend. Von 15 332 untersuchten Zähnen sind 3420 von Karies befallen. Das sind 22%. Aber dieser Prozentsatz steigt bis zu 50% in jenen Gebieten, in denen ein größerer Wohlstand die am höchsten verfeinerte Zivilisationskost zuläßt.

Um die Bedeutung dieses Tatbestandes zu erkennen, muß man sich erneut vergegenwärtigen, daß der Zahnverfall niemals eine von der Gesundheit des Menschen isolierte Erscheinung ist, daß es sich auch hier nicht „nur“ um die Zähne handelt. Wie überall in der Welt, ist das Schwinden der Immunität gegen Zahnkaries von einer Unterentwicklung der Zahnbögen und anderen Mißbildungen begleitet. Diese degenerativen Abweichungen vom Rassetyp der Maoris schwanken bei der untersuchten Schuljugend in den 22 von *Price* besuchten Schulbezirken zwischen 40 und 100%. Bezeichnenderweise ist der Prozentsatz der Anomalien bei der Generation der Eltern weit geringer, obgleich auch bei ihnen der Zahnverfall allgemein ist.

In Pukerora befindet sich ein Tuberkulose-Sanatorium für Maoris. *Price* untersucht die Kranken und stellt fest, daß alle einen weit fortgeschrittenen Zahnverfall aufweisen und 90% der Erwachsenen, 100% der Kinder degenerative Veränderungen der Zahnbögen haben.

Aus den Berichten der Gesundheitsämter ist zu ersehen, daß die Kinderzahl in der letzten Generation stark zurückgegangen ist und die jungen Maorifrauen Schwierigkeiten bei Geburten haben. Sie werden auf Konstitutionsveränderungen zurückgeführt.

H. P. Pickerill hat eine eingehende Untersuchung an Schädeln der Maoris aus der Zeit vor der weißen Besiedlung durchgeführt. Es wurden 326 Schädel untersucht. Von je 2000 Zähnen war nur ein einziger Zahn krank. Wenn man einen dieser alten Schädel betrachtet, so empfindet man den Gegensatz zu den heute lebenden Nachkommen dieser Menschen mit erschreckender Klarheit. Die Schädel früherer Generationen zeigen eine vollkommen harmonische Ausbildung aller Teile. Die Zahnbögen sind breit, die Stellung und die Form der Zähne von großer Regelmäßigkeit, alle Zähne sind erhalten und noch in gutem Zustand. Bei keinem einzigen Schädel findet man jene mangelhafte Entwicklung der Kiefer, wie sie bei der heutigen Generation so häufig ist.

Was hat sich in der kurzen Zeit, in der diese Konstitutionsveränderungen eingetreten sind, ereignet? Klima und Boden sind die gleichen geblieben. Eine Industrialisierung, die die Lebensweise hätte grundlegend verändern können, fand nicht statt. Was sich völlig geändert hat, ist nur die Ernährung.

Die Geschichte der weltweiten Ausbreitung der Zivilisation ist die Geschichte der Verkehrsentwicklung. Je rascher, je müheloser und je billiger Menschen und Güter von einem Ort zum anderen versetzt werden können, je schneller und vollständiger verschwinden die nichtzivilisierten Lebensformen. Neuseeland besitzt vorzügliche Straßen, und so ist es verständlich, daß es nur noch wenige abseitige

Gruppen der Maoris gibt, die etwas von ihrer alten Lebensweise beibehalten haben. Vergessene Überbleibsel einer zerstörten Welt.

In Regenzeiten sind diese zivilisationsfernen Siedlungen der Maoris von Land aus nicht erreichbar. Aber es ist Trockenzeit, und *Price* kann die brückenlosen Flüsse auf den Furten überschreiten. Und hier finden sich noch die physisch vollkommenen Menschen, von denen die alten Reiseberichte begeistert erzählen und von denen in den Städten nur noch die Ahnenschädel zeugen.

Auch hier haben sich die Eingeborenen in der Kleidung und in manchen Lebensgewohnheiten der Zivilisation der Eingewanderten angepaßt, aber sie haben ihre überlieferte Ernährungsweise beibehalten. Sie leben vorwiegend von der Tierwelt der See. Und sie wählen ihre Nahrung mit Bedacht. Es wird viel Fisch gegessen, vor allem bestimmte Arten von Schellfisch, bestimmte Arten von Seemuscheln, bestimmte Weichtiere. Auch Vögel gehören zu dieser Kost. Dazu treten wildwachsende Gemüse und Früchte. Regelmäßig kommt ein eßbarer Seetang auf den Tisch. Vielbegehrt ist die Wurzel eines Farns.

Diese Nahrung, über deren Zusammensetzung noch zu sprechen sein wird, hat also die hervorragende Konstitution der Maoris über Jahrhunderte unverändert erhalten und ihnen eine hohe Immunität gegen Krankheiten verliehen.

In den schwer zugänglichen Gebieten ist kein Zahnverfall zu beobachten. Die Untersuchung der Zähne ergibt Spuren von Zahnkaries: 1,7%. Mißbildungen der Kiefer oder des Gesichts sind nicht vorhanden.

In die zivilisierten Gebiete zurückgekehrt, untersucht *Price* die Kinder angelsächsischer Herkunft in einigen Schulen und Internaten. Er findet kein Kind, das ein vollständig gesundes Gebiß besitzt. Die weißen Neuseeländer haben die schlechtesten Zähne der Welt, stellt er in seinem Bericht fest.

So muß man auch in Neuseeland die verwachsenen Pfade gehen, um vollkommen gesunde Menschen zu finden. Wenn man auf Grund der festgestellten Tatsachen eine solche Verallgemeinerung ausspricht, so ist es vielleicht nicht überflüssig hinzuzusetzen, daß es natürlich auch im zivilisierten Bereich solche bewundernswert gesunden Menschen geben kann und gibt. Aber es handelt sich dabei immer um einzelne Menschen, bestenfalls noch um Familien, nicht aber um ganze Bevölkerungen oder Volksgruppen. Es ist anzunehmen, daß die Anpassungsfähigkeit an eine Mangelnahrung bei den Rassen und bei den einzelnen Menschen verschieden ist, wie das auch für Krankheiten oder für Klimabedingungen zutrifft. Auf diese individuell verschiedene Widerstandsfähigkeit gegen Ernährungsschäden und auf die im Bereich der Zivilisation wenig einheitliche Ernährung, ferner auf die individuell sehr verschiedene Verwertungsfähigkeit der einzelnen Nahrungsbestandteile geht die verschiedene Reaktion auf eine nur scheinbar gleichartige Ernährung zurück.

In Neuseeland könnte man zum Beispiel in diesem Zusammenhang auf die bewunderungswürdige Leistung von Sir *Edmund Hillary*, dem Ersteiger des Mount Everest, hinweisen, eine Leistung, die zweifellos nur auf der Grundlage hervorragender Gesundheit möglich war. Aber eben das ist die Überzeugung von *Price*, daß der zivilisierte Mensch nicht zwangsläufig dem Schicksal der Degeneration verfallen ist, daß er jederzeit die Möglichkeit in der Hand hat, aus dem verhängnisvollen Kreise zu treten. Es ist nicht bekannt, auf welche Ursachen die ungewöhnlich gute Gesundheit des Mount-Everest-Bezwingers zurückgeht, vielleicht ist es kein Zufall, daß er einer der großen Bienenzüchter und Honigexporteure Neuseelands ist. Das ist im großen Zusammenhang unwichtig. Wichtig ist es, die Wirkung klar zu erkennen und die Folgen zu übersehen, die beim Wechsel einer durch Jahrhunderte bewährten Ernährungsweise zu der jetzt üblichen Experimentierkost der Zivilisation eintreten.

Bei den Ureinwohnern Australiens

Zu den dürftigsten Landschaften der Erde gehört das Innere von Australien. Steppen und Sandwüsten herrschen vor. Niederschläge sind selten. Süßwasserseen fehlen, und die Creeks führen nur in der Regenzeit Wasser. Der Mensch, der hier seinen Unterhalt finden wollte, mußte Tag für Tag als Jäger und Sammler die von stacheligen Gewächsen bestandenen weiten Ebenen in glühender Sonne durchstreifen, über zerklüftete Felsen klettern oder dem flüchtigen Wild über große Entfernungen folgen. Die Kargheit dieser Natur erforderte ein schweifendes Leben. Der Zwang, die ganze Habe mit sich zu tragen, beschränkte den Besitz auf das Notwendigste.

Eine solche Natur hat keine schönen Menschen hervorgebracht, wie wir sie auf den üppigen Inseln der Südsee finden. Das Meer, für so viele Völker der Hort der Gesundheit, ist für die Bewohner Inner-Australiens unerreichbar. Wenn man bedenkt, daß der Mensch für seine Entwicklung und die Beständigkeit seiner Gesundheit eine große Zahl bekannter und dazu vielleicht vieler unbekannter Stoffe benötigt, so könnte man erwarten, in der Beschränktheit der australischen Umwelt eine verkümmerte menschliche Rasse zu finden. Das ist indessen keineswegs der Fall.

Der Ureinwohner Australiens besaß bis zur Besiedlung des Erdteils durch weiße Einwanderer eine eiserne Gesundheit. Er war Entbehrungen und Anstrengungen in sehr hohem Maße gewachsen. Auch hatte er eine bemerkenswerte Immunität gegen Infektionen.

Wenn man die Gesundheit primitiver Menschen mit der Gesundheit der Kulturvölker vergleicht, darf man es sich auch hier, bei einer so zurückgebliebenen und, wie es scheinen kann, bildungsunfähigen Rasse nicht zu leicht machen und das Problem mit dem Hinweis abtun, daß die Gesundheit des Primitiven in seiner Tierähnlichkeit wurzele. Weder ist der Mensch auf dieser primitiven Stufe seiner Entwicklung nur ein biologisches Produkt, noch kann der Mensch auf der höchsten Stufe geistiger Entfaltung seine biologische Grundlage verlassen.

Vielleicht ist der kulturelle Abstand des primitiven Australiers zum Europäer oder Amerikaner nur ein Abstand der Zeit, freilich ein so weiter Abstand, daß der Australier keinen Zugang zur Zivilisation finden konnte. Aber auch der Europäer hat seine Steinzeit gehabt, mit einer sehr langsamen, manchmal vielleicht über lange Zeiträume stagnierenden Entwicklung. Einer der besten Kenner der Eingeborenen Australiens, *Eylmann*, ist der Ansicht, daß der Ureinwohner dieses Erdteils sich mehr durch sein Äußeres als durch seine Vorstellungs- und Verstandeskraft vom Europäer unterscheidet. Auch hier ist der primitive Mensch ein sittliches Wesen mit beispielhafter Fürsorge für die Familie, mit einer sorgfältigen Erziehung der Jugend, mit einer Liebe zu seiner scheinbar so wenig bietenden Heimat, mit einer oft radikaleren Praxis sittlicher Gebote, als sie unter manchen zivilisierten Völkern üblich ist.

Wichtig ist in dem uns beschäftigenden Zusammenhang, daß der primitive Steinzeitmensch Australiens trotz aller Beschränktheit seiner Umwelt, seiner Lebensmöglichkeiten, trotz des Zusammenlebens in nur kleinen Horden keinerlei Degenerationserscheinungen zeigt. Über Jahrtausende blieb dieser Rassetyp unverändert gesund, folgte Generation auf Generation mit den gleichen einheitlichen, unveränderlichen Konstitutionsmerkmalen. Auf seinen Reisen durch Australien, auf der Suche nach dem unberührten Urmenschen, findet *Price* nur noch wenige abgesprengte Gruppen in schwer zugänglichen Rückzugsgebieten. Denn die Eingeborenenreservate zeigen ein ganz anderes Bild.

Im einzelnen sollen die wieder sehr eingehenden, exakten Untersuchungen von *Price* in Australien nicht aufgeführt werden. Es genügt, einige beispielhafte Feststellungen zu kennen, die zeigen, daß die Gesundheit auch der genügsamsten, rückständigsten und damit konservativsten Rasse der modernen Zivilisationskost nicht zu widerstehen vermag. Auch der Australier degeneriert in kürzester Zeit, wenn er von seiner armen, aber vollwertigen Kost zur denaturierten Nahrung des weißen Mannes überwechselt.

Price benutzt ein Flugzeug, um die noch primitiv lebenden Gruppen der Eingeborenen aufzusuchen. Im straßenlosen Gebiet der York-Halbinsel im Nordosten Australiens findet er eine kleine

Gruppe von Eingeborenen, die sich noch in der überlieferten Weise ernährt. Beuteltiere aller Art, Vögel, vor allem der Emu, verschiedene Arten von Schwimmvögeln, Larven und Maden, dazu Pflanzen und Kleingetier, die von den Frauen gesammelt werden – das ist die traditionelle Kost. Die Gesichtsbildung, die Zahnbögen, die Form der Zähne dieser Australier entsprechen genau den jahrhundertealten Schädeln, die *Price* in den Museen von Sydney und Canberra untersucht hatte. Die alten Schädel zeigen fast alle noch ein vollständiges Gebiß, Mißbildungen sind in keinem Fall vorhanden. Spuren von Karies finden sich äußerst selten.

Bei den primitiven Eingeborenen auf der York-Halbinsel ergibt die Untersuchung der Zähne einen Kariesbefall von 4,3%. Möglicherweise geht dieser geringe Prozentsatz von kranken oder krank gewesenen Zähnen auf die zeitweilige Beschäftigung der Männer auf einer entfernten Viehfarm zurück. Sie haben dort zu einem Teil von Weißmehlerzeugnissen und anderen ihnen ungewohnten Nahrungsmitteln gelebt.

In diesen schwer zugänglichen Gebieten kann *Price* noch die hervorragende körperliche Tüchtigkeit und Gewandtheit der Eingeborenen bewundern, besonders die Schärfe ihrer Sinne. Noch auf eine Entfernung von einer Meile können sie die Bewegung von Kleinwild wahrnehmen. *Price* hält die Berichte für glaubhaft, nach denen die Australier mit bloßem Auge Sterne sehen, die wir nur mit Hilfe von Fernrohren erkennen können. Wenn zu solchen Fähigkeiten natürlich eine entsprechende Erbanlage gehört und die Notwendigkeit ständiger Übung die Sinne entwickelt, so haben doch die bisherigen Beobachtungen gezeigt, daß die Entfaltung einer gegebenen Möglichkeit bis zur Vollkommenheit nur bei vollwertiger Ernährung erfolgt. Das bestätigt sich in Australien dort, wo die Eingeborenen zwar noch in primitiven Verhältnissen leben, aber mit modernen Lebensmitteln versorgt werden.

Price hatte mit dem Flugzeug die Horninsel im Norden Australiens erreicht und führte von dort zur See Erkundungsfahrten im Golf von Carpenteria und zu den Inseln durch. In diesen Gewässern trifft er ein mit 18 Eingeborenen bemanntes Boot, die der Perlenfischerei nachgehen. Bei der Untersuchung fällt ihm auf, daß 13 der Männer ein vollkommenes Gebiß aufweisen, keiner ihrer Zähne ist von Karies je befallen gewesen, jeder einzelne Zahn ist von schö-

Zwei Brüder von der Insel Harris. Links der jüngere Bruder, der von denaturierter Zivilisationskost lebt und einen starken Gebißverfall aufweist. Der ältere Bruder rechts hat die überlieferte Ernährungsweise beibehalten und verfügt über ein vollständig gesundes Gebiß. Eine typische Entwicklung.

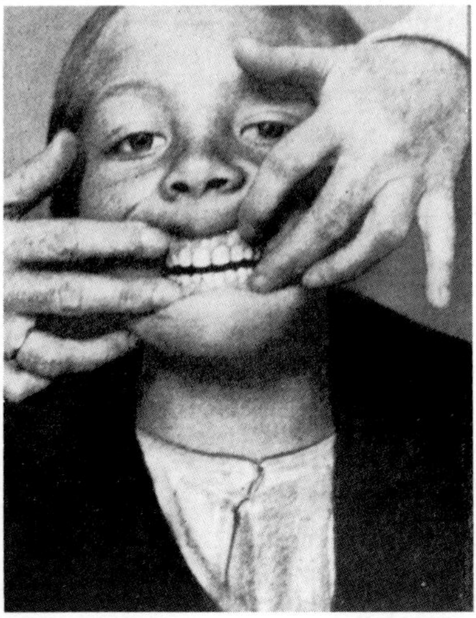

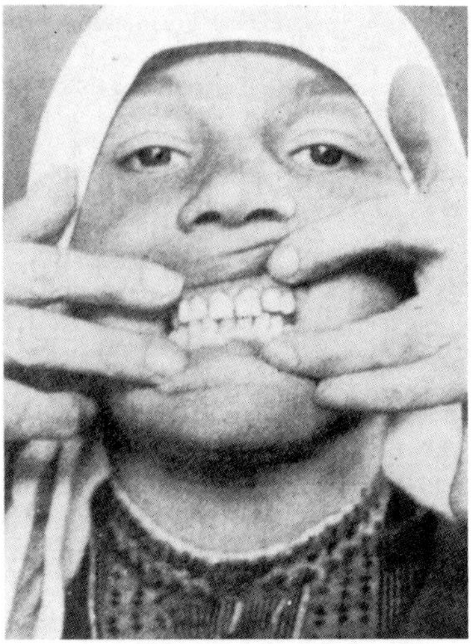

Breite, harmonisch gerundete Zahnbögen, regelmäßig gewachsene, symmetrisch angeordnete Zähne und eine das freie Atmen ermöglichende Form der Nase sind keine Vorzüge der exotischen Rassen. Diese Konstitutionsmerkmale haben sich auch bei den europäischen Völkern dort erhalten, wo ganze Volksgruppen sich biologisch hochwertig ernähren. Zwei Mädchen aus Hochtälern der Schweiz.

Eingeborene aus Belgisch-Kongo. Hervorragende Ausbildung der Gebisse und der allgemeinen Konstitution, überraschend gleichartige Gesichtsbildung, Fehlen von Zahnkaries und anderen Degenerationsleiden ist bei den nach Väterart lebenden Stämmen fast allgemein.

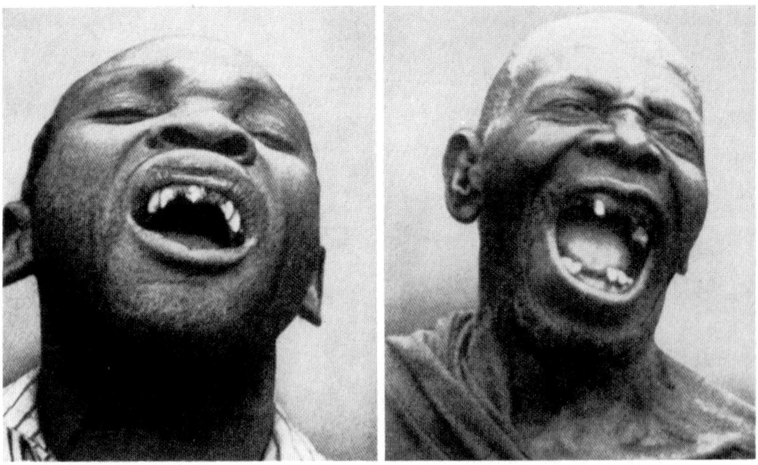

Schwarze Plantagenarbeiter aus Ostafrika, die mit importierten Nahrungsmitteln versorgt werden. Den Mängeln der Nahrung ist auch die hervorragende Konstitution dieser Rasse nicht gewachsen. Neben dem Zahnverfall treten auch die anderen Zivilisationsleiden auf. Dazu sind auffallende Charakterveränderungen zu beobachten.

nem Ebenmaß, die Zahnbögen sind breit. Aber fünf Leute der Bootsbesatzung haben 20% kariöse Zähne und zwei von ihnen mißgebildete Zahnbögen. Es ergibt sich, daß die 13 im Busch unter primitiven Verhältnissen aufgewachsen sind, während die 5 anderen in Missionsstationen mit der üblichen Zivilisationskost aufgezogen wurden.

Beim Besuch der Reservate für die Eingeborenen Australiens drängt sich *Price* der Gedanke auf, daß hier die Orte sind, wo im Menschenversuch die beim Tierexperiment gewonnenen Ergebnisse bestätigt werden. In den Laboratorien wissenschaftlicher Institute verkümmern gesunde Tierrassen von einer Generation zur anderen. Bei einer Nahrung, in der nur ein einziger lebenswichtiger Stoff fehlt, verlieren Ratten ihre Zeugungsfähigkeit und vergreisen, Kälber werden blind geboren, Schweine zeigen verkümmerte Kiefer, Kaninchen werden so anfällig, daß sie jeder Infektion zum Opfer fallen. In den Reservaten breitet sich die Zahnkaries aus, die Zahnbögen können sich nicht mehr voll entwickeln, Gesichtsbildung, Bekken, Brustkorb zeigen unterentwickelte Formen. Tuberkulose und andere Krankheiten treten die Herrschaft an.

Aber sind die Regierungen zu tadeln, die diese Reservate großzügig mit Lebensmitteln beliefern? Muß man ihnen nicht den guten Glauben zubilligen, daß eine zurückgebliebene Rasse sich frei entwickeln, neue Fähigkeiten ausbilden, die geistigen Kräfte entfalten wird, wenn sie dem harten Kampf ums Dasein enthoben ist und nicht mehr unter dem Zwang steht, mit unendlichen Beschwerden ihren täglichen Unterhalt zu erringen? Wird das gleiche Experiment nicht in weltweitem Ausmaß, wenn auch mit wechselnder Intensität, in allen Erdteilen durchgeführt?

Es scheint so, als würden primitive Völker den Schäden einer Mangelnahrung rascher erliegen, als das bei Kulturvölkern zu beobachten ist. Wahrscheinlich geht das auf zwei Ursachen zurück. Einerseits ist die den Primitiven gebotene Zivilisationskost noch einseitiger, noch ärmer an Vitaminen und anderen Wirkstoffen, als es die Durchschnittskost in den Kulturländern ist. Andererseits scheint der krasse Übergang von einer vollwertigen Ernährung zur Zivilisationskost auch von Bedeutung zu sein. Dort, wo eine Verarmung der Nahrung langsam erfolgt, vermag sich der Körper dem Mangel vielleicht eher anzupassen, es kommt zu Kümmerformen, die sich leichter auf einer tieferen Stufe der Gesundheit im Gleichgewicht halten können.

Im Reservat Le Parouse bei Sydney gab es keinen Eingeborenen ohne Zahnkaries. Im Durchschnitt waren 47,5% aller Zähne kariös, bei den Frauen waren es sogar 81,3%. – Im Reservat auf Palm-Island, 50 Meilen vom Festland entfernt, hatte mehr als die Hälfte der Eingeborenen fortschreitenden Zahnverfall. Während hier nur 11% der Erwachsenen deformierte Zahnbögen hatten, war dieses Degenerationszeichen bei 50% der Kinder zu beobachten.

Im abgelegenen Reservat Cowall Creek an der Westküste der York-Halbinsel, das *Price* mit einem gemieteten Motorschiff von der Horninsel aus erreichen konnte, waren die Umweltbedingungen weitgehend noch die alten – bis auf die Nahrung. Der Anblick der Eingeborenen war trostlos, ihr Gesundheitszustand schlecht, die Sterblichkeit hoch. Wie in den anderen Reservaten herrschte die Tuberkulose. Rund 70% der Eingeborenen hatten Zahnkaries. Fast gleich hoch war der Prozentsatz anomaler Zahnbögen bei den Kindern. Bei den Erwachsenen, die zum Teil noch im Busch bei der überlieferten Ernährung aufgewachsen waren, zeigten sich diese Mißbildungen nur bei 9%.

Bei der Untersuchung der vorgeschichtlichen Schädel und Skelette in den Museen Australiens war *Price* aufgefallen, daß jene von den fischreichen Küsten – bei sonst gleichartiger Form – stärker waren, die Schädel im Durchschnitt auch von größerem Umfang. Das ist wahrscheinlich weder auf Rasseneigentümlichkeiten noch auf klimatische Einflüsse zurückzuführen, sondern auf die hochwertigere Nahrung. Die Nachkommen jener besonders wohlgebildeten Australier weisen heute diese Merkmale nicht mehr auf. In den Reservaten von Cherbourg und Treeds Heads wird von der Möglichkeit des Fischfangs kein Gebrauch gemacht. Die Eingeborenen leben von den ihnen von der Regierung und der Mission gelieferten Lebensmitteln. Ihr Gesundheitszustand ist so schlecht wie in den anderen Reservaten. Etwa 40% aller Zähne sind kariös, 50% bzw. 83% der Zahnbögen bei den Kindern deformiert.

Zwischen Asien und Australien

Soviel *Price* schon gereist war, er hatte keine Eingeborenen getroffen, die zwar die Lebensweise der Zivilisation übernommen hatten, aber doch bei ihrer überlieferten Ernährung geblieben waren. Eine solche Verbindung verschiedener Elemente mußte möglich sein, und gewiß waren aus dem Ergebnis bedeutsame Schlüsse zu ziehen. *Price* hoffte, solche Verhältnisse auf Inseln in der Torresstraße im Norden von Australien zu finden.

Diese Inseln sind zum Teil vulkanischen Ursprungs, andere sind von Korallen gebildet. Zumeist sind sie fruchtbar und mit üppiger tropischer Vegetation bedeckt. Die umgebende See ist ungewöhnlich reich an Fischen und anderen Seetieren. Diese günstigen Lebensbedingungen haben die Stämme in Nord und Süd, in Ost und West zur Besiedlung gelockt. Und so finden sich auf den Inseln Papuas und Kendals, Arakuns, Mobuiags, Yonkas und Stämme aus Neu-Guinea.

Das Meer um die Inseln ist wegen seiner reichen Perlengründe berühmt, und das Tauchen nach Perlen wird in großem Ausmaße betrieben. Hier liegt wohl auch der Grund, warum die australische Regierung auf vielen Inseln Verkaufslager eingerichtet hat, in denen nicht nur Kleidung, sondern auch viele Lebensmittel zu haben sind. Denn die anstrengende Arbeit der Perlentaucher läßt ihnen keine Zeit, sich in gewohnter Weise um die Nahrung für sich und ihre Familien zu kümmern. Bei der Einrichtung dieser Verkaufsstellen spielen allerdings auch finanzielle Gründe mit, denn aus dem Gewinn dieses Geschäfts bestreitet die Regierung die Verwaltung der Inseln.

Die Verwaltung der ganzen Inselgruppe befindet sich auf der Donnerstaginsel. Hier wohnen die weißen Beamten mit ihren Familien und die weißen Kaufleute, die an der Perlenfischerei interessiert sind. Diese Insel war früher nicht besiedelt, da sie nur wenig Mutterboden hat und die Eingeborenen hier die ihnen zur Ergänzung der Fischnahrung nötig erscheinenden Pflanzen nicht vorfanden oder nicht anbauen konnten. Für die Weißen fiel dieser Hinderungsgrund fort, da sie sich von eingeführten Konserven und anderen haltbaren Lebensmitteln ernähren. Die weiße Kolonie auf der Donnerstaginsel hat nach und nach auch Eingeborene zur Ansiedlung angelockt.

Ein Erlebnis auf der Donnerstaginsel verdient festgehalten zu werden, das sich zwar überall wiederholen kann, aber in dieser Umwelt doch besonders sinnfällig und klärend wirkt.

Für seine Forschungen unter den Eingeborenen fand *Price* bei den Behörden bereitwillige Unterstützung. Ihm wurde zum Besuch der Inseln ein geeignetes großes Motorboot zur Verfügung gestellt, die Häuptlinge wurden angewiesen, die notwendigen Erhebungen durchführen zu lassen, und zwei höhere Beamte begleiteten *Price* auf seinen Fahrten.

Aber diese Unterstützung hört auf, als er auch die Kinder der weißen Bewohner der Donnerstaginsel in seine Untersuchung einbeziehen will. Nur mit List erreicht er eine Zahnuntersuchung. Die zivilisierte Welt berauscht sich am Fortschritt: so weit haben wir es gebracht! Sie rühmt sich auch ihrer Gesundheit und übersieht gern, daß es nur eine Scheingesundheit ist, die ohne den Arzt mit der Spritze im Hintergrund rasch zusammenfallen würde. Steht nun der Weiße inmitten einer wahrhaft gesunden Welt, die auch ohne Arzt zu bestehen vermag, so sträubt sich sein Selbstbewußtsein zuzugeben, daß er es nicht versteht, die Gesundheit seiner Kinder zu bewahren. Vielleicht mischt sich auch eine Ahnung von Schuld in seine Reaktion, wenn er hört, daß seine Kinder degenerative Merkmale zeigen.

Und auch eine andere sonst gemachte Erfahrung wiederholt sich auf der Donnerstaginsel. Es ist die überlebte, aber noch wirksame Überheblichkeit, die der Ignorant Ernährungsfragen gegenüber zeigt. Ernährung ist nur eine Frage des Geschmacks und der Sättigung, alles andere sind Hirngespinste. Diese unerschütterliche Überzeugung wirkt auf der Donnerstaginsel besonders grotesk, da das Meer ringsum die vollwertige Nahrung bietet, während die weißen Bewohner sich weitgehend auf denaturierte, industrielle Lebensmittel beschränken.

Dementsprechend ist der Zahnverfall bei den weißen Kindern

erschreckend. Dazu findet *Price* bei 32 Kindern von 50 eine erhebliche Unterentwicklung der Zahnbögen und der Gesichtsbildung. Auf den von *Price* mitgebrachten Bildern sieht man die Entwicklungsstörung der Kiefer. Die Zähne finden auf den unnatürlich verengten Kiefern keinen Platz und drängen sich aus der Zahnreihe. Oder die Zähne stehen schräg, oder Ober- und Unterkiefer passen nicht aufeinander. Manchmal erstreckt sich die Deformierung auch auf die Nase und erschwert das Atmen. Einer der Jungen kann nur durch den Mund Luft holen.

Ähnliche Zeichen der Degeneration finden sich bei den Kindern der Eingeborenen nur dann, wenn die Eltern schon vor Geburt der Kinder ihre Ernährung umgestellt und von importierten Lebensmitteln gelebt haben.

Die Gleichgültigkeit der weißen Bewohner der Donnerstaginsel den Wirkungen der Nahrung gegenüber, ihre Abneigung gegen Forschungen, die ihnen eine Änderung ihrer Ernährungsweise nahelegen könnten, steht in bezeichnendem Gegensatz zur Haltung mancher Stammesverbände der Eingeborenen, die ihre überlieferte Lebensweise noch beibehalten haben. Vor einer Landung auf der Murray-Insel wird *Price* gewarnt, weil es beim letzten Besuch der Regierungsvertreter im Zusammenhang mit der Gründung einer Verkaufsstelle zu blutigen Ausschreitungen kam. Hier sind sich die Eingeborenen bewußt, daß die Übernahme der Nahrung des weißen Mannes auch eine Übernahme seiner Krankheiten und Kränklichkeiten bedeutet und sie ihre Kraft und ihr Wohlbefinden nur bewahren können, wenn sie der Weisheit ihrer Väter folgen. Es muß vermerkt werden, daß es sich um friedfertige Eingeborene handelt, die auch dem Fremden mit Achtung und Freundlichkeit begegnen. Sie müssen schon ihre Lebensgrundlage bedroht sehen, wenn sie sich gewaltsam gegen Eindringlinge wenden.

Price läßt sich von der Landung auf der Murray-Insel nicht abschrecken. Er und seine Frau gewinnen das Vertrauen der Eingeborenen, sie können den Ältesten durch den Dolmetscher verständlich machen, welche Absichten sie leiten, und so können alle Untersuchungen und Beobachtungen ungestört durchgeführt werden.

Die Situation auf einer solchen Insel ist im Grunde eine tragische. Die Verkaufsstelle der Regierung setzt ihre Tätigkeit natürlich trotz des Widerstandes der Bevölkerung fort, denn die Ausbreitung der

Zivilisation geschieht im Interesse der „Wilden", und der Handel darf nicht behindert werden, das verlangt schon die Autorität der Behörden. Solange die Eingeborenen eine feste Stammesgemeinschaft bilden und der Rat der Alten, die Weisungen des Häuptlings bereitwillig und selbstverständlich befolgt werden, bedeutet dieser Einbruch der Zivilisation nicht viel. Aber die Erfahrung lehrt überall, daß auf die Dauer eine primitive Lebensform der Überlegenheit der modernen Zivilisation nicht gewachsen ist. Die Autorität der eigenen Überlieferung schwindet, die Technik der Lebensmeisterung der Weißen fasziniert viele aus der jungen Generation, und so bröckelt nach und nach die Geschlossenheit einer in sich ruhenden Welt auseinander.

Aus solchen Beobachtungen wird deutlich, daß der primitive Mensch dieser Entwicklung letztlich hilflos gegenübersteht und die Kräfte, die der Weiße entfesselt hat, auch nur von ihm selbst wieder gebannt und in gesunde Bahnen gelenkt werden können. Um so schwerer wiegt seine Verantwortung und um so notwendiger erscheint die Erforschung dieser Zusammenhänge.

Die Untersuchungen von *Price* auf den verschiedenen Inseln der Torresstraße mit ihrer verschiedenrassigen Bevölkerung bestätigen diese Überlegungen. Je länger eine Verkaufsstelle auf einer Insel besteht, um so mehr versorgt sich die Bevölkerung von ihrem Lager und um so schlechter ist der Gesundheitszustand der Eingeborenen.

Auf der Murray-Insel, auf der die Eingeborenen erst seit kurzem die Möglichkeit haben, Zivilisationskost zu erhalten, und wo nur zögernd davon Gebrauch gemacht wird, ist die Bevölkerung bewundernswert gesund. Die Menschen haben den schönen und kräftigen Körperbau ihrer Ahnen unverändert erhalten, Krankheiten sind fast unbekannt, Mißbildungen nirgends zu entdecken. Das Ebenmaß ihrer Gebisse, die makellosen Zähne geben ihren Gesichtern etwas Strahlendes. *Price* untersucht mehr als 1000 Zähne und findet nur bei 0,7% Spuren einer Karies.

Auf der Insel Badu wurde die erste aller Verkaufsstellen gegründet, das ist jetzt 23 Jahre her. Hier haben 95% der von *Price* untersuchten Eingeborenen kariöse Zähne, 20% aller Zähne sind krank. Ein Wirbelsturm macht *Price* die Fortführung seiner Untersuchungen auf Badu unmöglich, aber der Regierungsarzt, Dr. *Gibson*, der die Insel aufsuchte, um Zähne zu ziehen, kann eine Ergänzung liefern. *Gibson* fand, daß 60% von allen Zähnen krank sind und daß ein Drittel der Kinder abnorm gebildete Zahnbögen aufweist. Bei den Erwachsenen fand er solche Mißbildungen nur bei 9% der Untersuchten.

Ähnlich sind auch die Ergebnisse auf den anderen Inseln. Der Zusammenhang zwischen der Einrichtung der Verkaufsstellen und dem Zahnverfall ist zweifelsfrei. Überall wiederholt sich auch die Erfahrung, daß alle Kinder, die vor Einführung industrialisierter Lebensmittel auf den Inseln geboren wurden, vollentwickelte breite Zahnbögen haben, aber bei Kindern, die später geboren wurden, deren Eltern also schon vor ihrer Geburt von Zivilisationskost lebten, häufig Mißbildungen festzustellen sind. Am häufigsten ist die Verengung der Kiefer und das dadurch bedingte Herausdrängen der Zähne, vor allem der Eckzähne, aus der Reihe.

Von der Insel Hammond ist die Donnerstaginsel auch mit kleinen Booten erreichbar. Dadurch sind die Eingeborenen auf Hammond in der Lage, sich ohne Schwierigkeiten Lebensmittel aus der Niederlassung der Weißen auf der Donnerstaginsel zu holen. Der Einfluß der Zivilisationskost ist hier aber nicht so stark, offenbar weil der fruchtbare Boden von Hammond die Bevölkerung zusätzlich mit hochwertigen Nahrungsmitteln versorgt. *Price* untersucht die Zähne der Eingeborenen und findet, daß 16,5% an Karies erkrankt sind. Mangelhafte Ausbildung der Zahnbögen ist häufig.

Immerfort auf der Suche nach Eingeborenen, die zivilisiert leben, aber ihre gewohnte Kost beibehalten haben, findet *Price* an einem abgelegenen Platz von Hammond eine Familie, auf die das weitgehend zutrifft. Er findet drei Schwestern zu Hause, von denen die älteste verheiratet ist und ein 5 Monate altes Kind hat. Die drei Frauen repräsentieren die Kraft und die Schönheit ihrer Rasse. Die Gesichter sind breit, aber ebenmäßig und von großer Anmut. Noch die Bilder, die *Price* von ihnen macht, erwecken den Eindruck überströmender Vitalität. Sie sind niemals krank gewesen. Ihre Zähne zeigen zwar Spuren von Karies, aber nur zu 7%, wenig, wenn man diesen Befund mit den 16,5% der sonstigen Inselbevölkerung vergleicht.

Diese Familie versorgt sich selbst. Sie baut Gemüse und Früchte an und ißt viel Fisch. Bananen, Kürbisse und Papayas gehören zur täglichen Kost. Während sich das Ehepaar *Price* mit den Schwestern unterhält, kehrt die Mutter vom Fischfang zurück. Trotz der an diesem Tage groben See war sie allein hinausgefahren. Lachend zeigt sie die gefangenen Fische vor. Schwer nur trennen sich die Gäste von diesen heiteren, glücklich zufriedenen Menschen.

Die große körperliche Gewandtheit, Kraft und Ausdauer der Inselbewohner kommt besonders auf dem Meer zur Geltung. Es ist ein hinreißendes Bild, wenn sie mit ihren kleinen Booten durch die Gewalt der tosenden Brandung gehen oder sich von einer hohen Woge über drohende Riffe hinwegtragen lassen. Dazu muß der Körper in bester Form sein, muß das Auge rasch und unfehlbar die genaue Höhe einer Woge erkennen oder die zartesten Farbschattierungen im Wasser mit einem Blick erfassen, um die Lage der Riffe und den Sog der Strömung richtig einzuschätzen. Bei den Perlentauchern, an die ähnliche physische Anforderungen gestellt werden, macht *Price* eine interessante Feststellung.

Als Taucher in der Perlenfischerei werden von den Unternehmern vorwiegend Eingeborene von den abgelegeneren Inseln angeworben, da sie das Tauchen in große Tiefen und die langandauernde Arbeit unter Wasser am ehesten aushalten. Bis sie auf die Perlenboote kommen, haben sie von Eingeborenennahrung gelebt. Dann erhalten sie weitgehend die übliche Zivilisationskost. Die Untersuchung einiger Bootsmannschaften ergibt einen nur geringen Kariesbefall (3,6%). Und die Taucher mit schadhaften Zähnen geben übereinstimmend an, daß sich diese Schäden erst nach ihrer Arbeitsaufnahme, also nach dem Übergang auf Zivilisationskost, gezeigt haben. *Price* erfährt, daß viele Taucher ihre Arbeit nur ein Jahr oder zwei Jahre durchführen können, da sich nach Ablauf dieser Zeit oft so heftige Zahnschmerzen einstellen, daß sie den Wasserdruck nicht mehr aushalten.

Nach allen diesen Erfahrungen ist es nicht verwunderlich zu hören, daß auf jenen Inseln, die viele Männer für die Perlenfischerei stellen, die Immunität gegen Zahnkaries schwindet. Denn auch die Familien der Perlentaucher werden mit eingeführten Lebensmitteln versorgt oder erhalten doch die finanziellen Mittel, um sich begehrte fremdartige Nahrungsmittel zu kaufen. So waren viele Männer der York-Insel eine Reihe von Jahren in der Perlenfischerei beschäftigt. *Price* untersucht auf dieser Insel annähernd 2000 Zähne und findet, daß rund 12% kariös sind. Der Kariesbefall ist bei den

Frauen höher als bei den Männern und beträgt rund 20%. Das ist wahrscheinlich darauf zurückzuführen, daß die Frau in der Zeit der Schwangerschaft besonders viele Mineralstoffe und Wirkstoffe benötigt, die in der konservierten Zivilisationskost fehlen. Auch bei Kindern treten in der Zeit des Wachstums gesundheitliche Schäden besonders stark hervor.

Es verdient festgehalten zu werden, daß es bei dieser Inselbevölkerung, die noch mehr als andere ihre jahrhundertealte Ernährungsweise beibehalten hat, keine bösartigen Geschwülste gibt. Der Regierungsarzt Dr. *Nimmo*, der 4000 Eingeborene betreut, hat in dreizehnjähriger Praxis nicht einen einzigen Fall einer bösartigen Geschwulst gesehen. Einmal bestand ein Verdacht. Dagegen hat er in der gleichen Zeit in der weißen Kolonie von nur 300 Personen einige Dutzend Mal bösartige Geschwülste operieren müssen. Nach seinen Erfahrungen ist bei der eingeborenen Inselbevölkerung die Notwendigkeit eines operativen Eingriffs überhaupt höchst selten.

In Alt-Europa

1. Auf den Hebriden

Price hatte schon in seiner klinischen Praxis die Überzeugung gewonnen, daß die Zahnkaries nicht durch eine Behandlung der Zähne verhütet werden kann. Auf seinen Reisen zu den Primitiven in Nord und Süd hatte er die Beweise gefunden, daß der Gebißverfall überhaupt kein isoliertes Problem ist, kein örtlich beschränktes Krankheitsgeschehen. Im Verlauf dieser Forschungsreisen war die Frage wiederholt aufgetaucht, ob die vollkommene Gesundheit untrennbar mit dem Leben der „Wilden" verbunden sei und unvermeidlich schwinden müsse, wenn der Mensch eine höhere Stufe der kulturellen Entwicklung erreicht. Diese Gedanken richteten den Blick nach Europa. Was hatten Geschichte und Gegenwart des Abendlandes zu dieser Frage beizutragen?

Genaue Feststellungen über den allgemeinen Gesundheitszustand des Europäers in früheren Jahrhunderten sind schwierig, weil es keine systematischen Aufzeichnungen darüber gibt. Aber für die Verbreitung der Zahnkaries sind die Schädelfunde bis in die ferne Steinzeit untrügliche Dokumente. Und wenn man die Zahnkaries nur als Teil des allgemeinen Verfalls der Gesundheit betrachtet, so erscheinen auch die Feststellungen über ihre frühere Verbreitung in neuem Licht. Von der Steinzeit bis ins 16. Jahrhundert war die Zahnkaries in Europa selten, sie stieg dann zwar langsam an, aber erst im Zeitalter der industriellen Erzeugung von Lebensmitteln wurde sie zur allgemein verbreiteten Seuche. Heute schon fällt es uns schwer, in unserem Bekanntenkreis alte Menschen zu finden, die ein vollkommenes Gebiß bis ins hohe Alter bewahrt haben. Und was wird morgen sein? Wo immer man die Statistik aufschlägt, zeigt sie unheilkündende Zahlen. Nach amtlichen Erhebungen haben nur noch 2% der britischen Bevölkerung fehlerlose Gebisse, tragen 40% Voll- oder Teilprothesen.

Nun gibt es in Europa noch Gebiete, die so konservativ oder so

„rückständig“ sind, daß sie im wesentlichen eine Ernährung beibehalten haben, wie sie in früheren Jahrhunderten üblich war. Hier können wir also gewissermaßen einen Schritt in der Zeit rückwärts machen und beobachten, wie und warum sich der Gebißverfall in Europa entwickelt hat. *Price* lernt dieses Alt-Europa an zwei entgegengesetzten Stellen kennen: in der Schweiz und auf den Hebriden.

Wie ein Wall gegen die furchtbare Gewalt des nördlichen Atlantik sind der Nordwestküste Schottlands die Hebriden vorgelagert, die Spitzen eines im Ozean versunkenen Gebirges. Die inneren, küstennahen Inseln dieser Gruppe sind gebirgig, eine großartig düstere, unzugängliche Bergwelt, eine Urlandschaft, wie es sie kaum ein zweites Mal in Europa gibt. Die äußeren Hebrideninseln sind flacher, über ihre Hügel breiten sich Heide und Moor. Der Boden ist weithin mit Torf bedeckt, dessen dunkelbraune Schichten oft eine Stärke von mehreren Metern erreichen. Hier wurzelt kein Baum, und die dürftigen Weiden genügen nur dem anspruchslosen Schaf. An wenigen Plätzen kann das Hochlandrind gehalten werden, das durch ein langes, zottiges Fell einer so rauhen Umwelt angepaßt ist.

Auf der großen, gebirgigen Insel Skye liegt das uralte, sagenumwitterte Schloß von Dunvegan. Es ist ein Zeugnis dafür, daß diese wenig Annehmlichkeiten bietenden Küsten in früheren Jahrhunderten mehr im Blickpunkt der geschichtlichen Welt standen als heute. Und die gewaltigen Mauern erzählen von Geschlechtern, die sich lebenskräftig und gesund genug fühlten, in einer so feindlich wirkenden Natur für die Jahrhunderte zu bauen.

Vom schottischen Hafen Mallaig verkehren kleine Dampfer zu den Inseln, die einzigen Bindeglieder zwischen diesen vergessenen Winkeln und einer sich stürmisch zu unbekannten Zielen entwickelnden Welt. Im Sommer weist der Fahrplan dieser Schiffe zu manchen Inseln der Äußeren Hebriden wöchentliche Abfahrten auf, im Winter „soweit es die Wetterverhältnisse zulassen“. Hier also setzt *Price* seine Beobachtungen fort. Er kommt zuerst auf die Insel Lewis, der größten der Gruppe, mit etwa 20 000 Bewohnern. Sie besitzt den einzigen Hafen Stornoway, den Sammelpunkt der Fischer. Denn die reichen Fischgründe ringsum sind die wichtigste Quelle für Nahrung und Verdienst.

Diese von Stürmen gepeitschten und so oft von Nebeln und Regen verhüllten Inseln sind seit alters von Gälen bewohnt. Alte Frauen und Männer, die die Weltkriege nicht in die britischen Kasernen geführt haben, beherrschen zumeist nur die gälische Sprache. Sie sind Fischer oder Schäfer oder kleine Bauern. Und da der karge Boden zum Unterhalt nicht genügt, haben sie eine Heimindustrie entwickelt, aus der der berühmte Harris-Tweed hervorgeht. Die Insel Harris ist Lewis benachbart. Wenn man die kleinen schwarzen Schafe über die Hügel wandern sieht und aus den weit verstreuten niedrigen Häusern der Rauch des Torffeuers durch die Strohdächer zieht, so verstärkt sich der Eindruck der Weite und Verlorenheit dieser Landschaft.

Die karge Natur dieser Inselwelt, die sich von Pflanze, Tier und Mensch nicht leicht etwas abringen läßt, hat Menschen gebildet, die eine hervorragende Konstitution besitzen, die durch Jahrhunderte ihren Volkstyp ohne Degenerationserscheinungen bewahrten, die bis ins hohe Alter gesund und leistungsfähig bleiben und wenig anfällig gegenüber Infektionskrankheiten sind. Und in einem eindrucksvollen Gegensatz zur rauhen Natur und zur Armut ihrer materiellen Mittel steht die Entwicklung ihrer Gemüts- und Charakterwerte. Jeder Besucher ist von der Freundlichkeit, Gastfreiheit und Hilfsbereitschaft ergriffen. Religion ist ihnen ein Herzensbedürfnis; Ehrlichkeit und Wahrhaftigkeit sind selbstverständlich.

Price beginnt auch hier mit einer Untersuchung der Gebisse. Er arbeitet mit gewohnter Gründlichkeit, macht fotografische Aufnahmen, untersucht Zähne und Kiefer und die Gesichtsbildung, nimmt Speichelproben zur chemischen Analyse, sammelt Angaben über die Lebens- und Ernährungsweise und klinische Befunde jeder Art. Die Arbeit ist dadurch vereinfacht, daß die Ernährung sich auf einen kleinen Kreis von Nahrungsmitteln beschränkt. An der Spitze steht die Nahrung aus dem Meer, neben vielerlei Arten von Fisch kleinere Seetiere, Hummer, Krabben, Austern, Muscheln. An zweiter Stelle stehen Hafererzeugnisse, denn Hafer ist das einzige Getreide, das auf den Inseln ausreift. Haferbrei und Hafergebäck gehören zur traditionellen täglichen Kost. Vom Fisch werden auch der Rogen und die inneren Organe verwendet. Ein verbreitetes Gericht ist z. B. gebackener Dorschkopf, der mit gehackter Dorschleber und mit Hafermehl gefüllt wird. Wenn Besucher aus den üppigen Städten die Fischer bei stürmischer See zurückkehren sehen oder die Fischerfrauen beobachten, wie sie vom frühen Morgen bis zum späten Abend an den Fischbänken stehen und die schweren Kübel mit Fisch zu den Fässern tragen, dann staunen sie oft, daß diese karg erscheinende Nahrung zu solchen körperlichen Leistungen befähigt und darüber hinaus eine volle Gesundheit erhält.

Die Kinder, die *Price* im Innern der Insel untersucht, haben ausgezeichnete Zähne. Unter 100 Zähnen findet er im Durchschnitt jeweils nur 1,3, die von Karies angegriffen sind. Ähnlich sind die Verhältnisse auf Harris. Im Dorf Scalpay findet er unter 100 Zähnen jeweils nur einen, der jemals von Karies angegriffen war. Auch die Entwicklung und der Gesundheitszustand der Kinder sind ausgezeichnet.

Eine Fahrtmöglichkeit nach einer der kleinen Inseln zu finden, ist oftmals schwierig, da sie nur bei bestimmten Flut- und Wetterverhältnissen gefahrlos erreicht werden können. Hier lernt *Price* Frauen kennen, die noch keine Kuhmilch gesehen haben. Auch Früchte sind unbekannt. Nur die See, die mageren Äcker mit Hafer und ein Gärtchen mit wenig Gemüse versorgen sie mit Nahrung. Und doch reicht das aus, sie bei bester Gesundheit zu erhalten.

Ein ganz anderes Bild bietet sich in den Hafenorten. In Stornoway mit seinen 4000 Einwohnern gibt es in den Läden alles zu kaufen, was die Lebensmittelindustrie in England für den Massenkonsum herstellt. Wenn man die Auslagen und die Regale der Läden betrachtet, weiß man, was am meisten begehrt ist und gekauft wird: feines weißes Mehl, Gemüsekonserven, Teigwaren aus weißem Mehl, gesüßte Marmeladen, Süßwaren aller Art. Und auch hier ist es nicht anders als in Alaska oder in der Südsee: die verfeinerte Kost der Zivilisation übt auf den Menschen einen starken Reiz aus, und es ist nur eine Frage der Zeit, daß diese Mangelkost die bewährte Nahrung des Landes verdrängt. Die Folgen zeigen sich sofort.

Stornoway blickt auf die See, sie ist tödliche Bedrohung und Quelle des Lebens zugleich. So ist es verständlich, daß die Heimkehr der Fischer am Abend täglich erneut der bedeutsamste Augenblick dieses Hafenorts ist. In Scharen strömt die Bevölkerung dann zu den Anlegeplätzen. *Price* beobachtet eine Gruppe von vielleicht 100 jüngeren Leuten, viele erst 20, keiner älter als 40. *Price* stellt fest, daß 25 von ihnen bereits künstliche Gebisse haben und daß andere sie dringend nötig hätten. Auch ohne Untersuchung ist zu sehen, daß ihre Zähne in erschreckendem Umfang krank oder zerstört sind. Die Zähne der Schulkinder waren, soweit sie von den eingeführten Lebensmitteln lebten, entsprechend schlecht.

Sogar in den kleinsten Orten wiederholt sich diese Erfahrung. Es genügt, daß sich ein Bäcker niederläßt, der das übliche feine weiße Brot herstellt, und ein Krämer einen kleinen Laden eröffnet, um die Bevölkerung mit konservierten Lebensmitteln zu versorgen, und die Immunität gegen Karies verschwindet. Da ist z. B. das Dörfchen Tarbert auf der Insel Harris, das den einzigen Hafen dieser Insel besitzt. *Price* untersucht die Schuljugend und findet, daß von jeweils 100 Zähnen 32,4 kariös sind. Das schon erwähnte Dorf Scalpy ist nur 10 Meilen entfernt, die Lebensbedingungen sind an beiden Orten die gleichen, mit Ausnahme der Nahrung, die im letztgenannten die kärgliche Landeskost ist. Hier zeigt nur ein einziger Zahn von 100 Spuren einer Karies.

Auf der wildromantischen, durch Felsen, Berge und Klüfte schwer zugänglichen Insel Skye gibt es ein Dörfchen Airth of Sleat, auf das *Price* durch die schottische Gesundheitsbehörde aufmerksam gemacht wird. Im Rahmen einer allgemeinen Erhebung über den Zustand der Zähne der Schuljugend wurde bei den 36 Kindern der Schule dieser Gemeinde nicht ein einziger kariöser Zahn gefunden. Unmittelbar darauf verlor der Ort seine Weltabgeschiedenheit: er wird in den Schiffahrtsplan aufgenommen, und der kleine Dampfer, der vom schottischen Festland kommt, läuft ihn regelmäßig an.

Price besucht Airth of Sleat, um festzustellen, welche Veränderungen der Anschluß an die zivilisierte Welt gebracht hat. Es gibt dort nun eine moderne Bäckerei, auch hat sich ein Krämer niedergelassen, bei dem die üblichen denaturierten Lebensmittel zu haben sind. Bei der Untersuchung der Schulkinder findet *Price* krasse Unterschiede. Ein Teil der Kinder hat vorzügliche Zähne, bei anderen ist eine fortschreitende Karies festzustellen. Eine Umfrage ergibt, daß viele Familien ihre traditionelle Ernährung beibehalten haben, während andere von den neuerdings eingeführten Nahrungsmitteln leben. Die Kinder der letztgenannten weisen einen erheblichen Zahnverfall auf, 16% ihrer Zähne sind kariös, während die anderen fast völlig gesunde Gebisse haben, im Durchschnitt ist unter 140 Zähnen nur einer von Zahnkaries angegriffen (0,7%).

Die alten Leute auf Skye klagen darüber, daß die junge Generation weder die Gesundheit noch die Leistungsfähigkeit besitzt, die in ihrer Jugend allgemein waren. Und das ist hier mehr als ein trügerisches Bild der Sehnsucht, verklärendes Licht auf entschwundene Jugendzeit. Denn diese Alten von 70 und 80, die *Price* untersucht, besitzen vielfach noch sämtliche Zähne, auch wenn sie hier und da locker geworden sind und sich gelegentlich Anzeichen überstandener Karies finden.

Auf die Frage nach dem Grunde der Gesundheitsverschlechterung und des Zahnverfalls werden *Price* von alten Leuten Handmühlen mit Mahlsteinen gezeigt, die seit Generationen bei den Inselbewohnern in Benutzung waren und jetzt außer Gebrauch kommen. Auf diesen Mühlen wurde der selbstgebaute Hafer zu Mehl und Grütze für Hafergebäck und Haferbrei gemahlen. Auf die Bedeutung des frisch vermahlenen Getreides wird noch zurückzukommen sein. – Bezeichnenderweise antworten junge Leute auf die gleiche Frage mit dem Hinweis auf den schädigenden Einfluß von Salzwasser und salziger Luft.

2. *In den Hochtälern der Schweiz*

Die Lebensbedingungen in den einsamen Hochtälern der Schweiz und auf den meerumbrausten Inseln der Hebriden sind so verschieden, so gegensätzlich, daß die gleichartigen Beobachtungen an diesen Resten der längst vom technischen Fortschritt überholten europäischen Lebensformen besonders aufschlußreich erscheinen. Nahrung aus der See und Hafer vom eigenen Acker sahen wir als Quellen von Gesundheit und Leben auf den Hebriden. In den urtümlichen Hochtälern der Schweizer Berge sind es Roggen und Milcherzeugnisse, die eine volle, ungestörte Entwicklung des Menschen sichern. Was sind die gemeinsamen entscheidenden Elemente dieser Ernährungsweisen? *Price* ist die Beantwortung dieser Frage so wichtig, daß er sich in zwei aufeinanderfolgenden Jahren in der Schweiz aufhält. Zudem gilt es festzustellen, inwieweit die in hohen Lagen erzeugte Nahrung gehaltvoller und gesundheitsfördernder ist als jene aus den Ebenen.

Bevor indessen auf diese Fragen näher eingegangen wird, müssen in aller Kürze die Beobachtungen von *Price* in den Hochtälern der

Alpen mitgeteilt werden. Wir, die wir alle durch die großartigen Erfolge und Erkenntnisse der naturwissenschaftlichen und medizinischen Spezialforschungen zu Spezialisten erzogen sind, müssen uns hier, wo es auf die Zusammenhänge ankommt, immer wieder auf das Ganze besinnen. Wenn zunächst wieder von den Ergebnissen der Gebißuntersuchungen die Rede ist, so ist im Auge zu behalten, daß in allen Ländern ein mehr oder weniger rasch einsetzender Gebißverfall von einem Einbruch degenerativer Krankheiten begleitet ist, umgekehrt dort, wo sich keinerlei Zahnverfall zeigt, die Menschen sich in der Regel bei voller Gesundheit befinden und, was vielleicht noch wichtiger ist, die dem jeweiligen Menschentyp eigene Konstitution voll und harmonisch zur Ausbildung gelangt. Auch wenn man auf voreilige Schlußfolgerungen verzichtet, darf diese Tatsache nicht übersehen werden.

Besonders aufschlußreich erwies sich das Lötschental, jenes Seitental der Rhone, das von drei Seiten von eisgekrönten Bergwänden umschlossen ist. Die völlige Weltabgeschiedenheit dieses Tales ist durch den Bau des Tunnels und der Bahn zwar schon aufgehoben, als *Price* seine Untersuchungen beginnt, aber der Einbruch der modernen Welt hat sich doch noch nicht so weit ausgewirkt, daß sich die Lebensweise seiner Bewohner grundlegend geändert hätte.

Wenn primitive Völker sich auf primitive Weise ernähren, so erscheint beides zusammengehörig, beides als ein Ergebnis mangelnder Entwicklung des Menschen. Im Lötschental finden wir eine Volksgruppe alter Kultur mit einer dennoch „primitiven" Ernährungsweise. So verflüchtigt sich der diesem Begriff so leicht anhaftende Ton von Geringschätzung und Abwertigkeit.

Der Amerikaner, der viel von der Welt gesehen hat, aber als Maßstab doch immer die technisch perfekte Umwelt seines eigenen Volkes anlegt, ist zutiefst beeindruckt von dieser alten bodenständigen Kultur, wie sie sich im behaglich-zweckmäßigen Hausbau, im schönen Hausrat, in bedeutungsvollen Sitten und Bräuchen und in der Lebensführung darstellt. Vor allem aber bewegt ihn die Begegnung mit den schlichten Menschen dieser Bergtäler. Es sind ihre Charakterwerte, die seine Zuneigung und seine Bewunderung gewinnen. Noch mehr als anderswo scheint es ihm hier, daß eine vollkommene Gesundheit die innere Ruhe und Ausgeglichenheit des Menschen begünstigt, sein soziales Verhalten fördert, Treue und

'rau aus Sierra Leone, Westafrika, bei der Reisernte. Hier hat die Zivili-
ation keine denaturierten Lebensmittel eingeführt, sondern den Reisanbau
ler Eingeborenen für den eigenen Bedarf gefördert. Das Ergebnis sind kern-
gesunde Menschen.

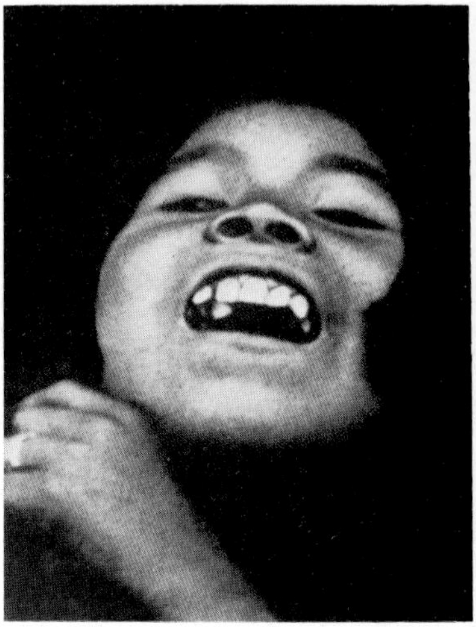

Indianer aus Peru. Links Fischer von der Küste, der hauptsächlich von Seetieren lebt. Gesichts- und Gebißbildung entsprechen genau den Schädelfunden aus den Gräbern der uralten Chimukultur. – Rechts Mädchen aus dem Inland, deren Familie in der zweiten Generation von denaturierter Kost lebt. Gebißanomalien, die die Jahrtausende nicht kannten, treten auf.

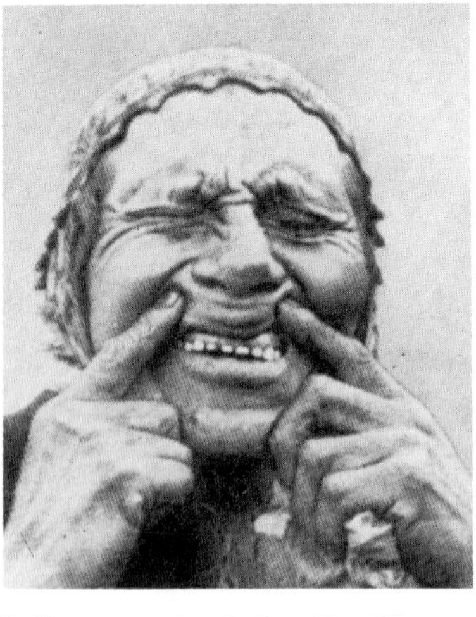
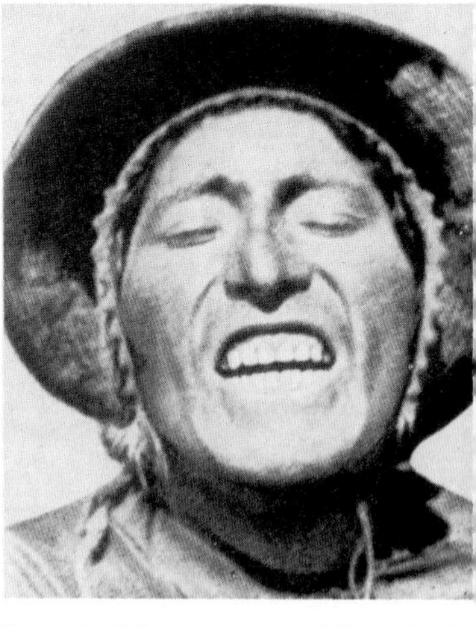

Indianer aus den hohen Kordilleren. Links ein Mann von ungefähr achtzig Jahren, dessen Zähne stark abgenutzt, aber völlig gesund sind. Dem gesunden Gebiß entspricht auch eine allgemeine große Leistungsfähigkeit und eine fast völlige Immunität gegen Degenerationsleiden.

Hilfsbereitschaft gedeihen läßt, wenigstens dort, wo es sich nicht allein um die Gesundheit des einzelnen sondern um die geschlossener Volksgruppen handelt.

Im Juni, wenn die Kühe die saftigen Almen an der Grenze der Gletscher erreichen, und Milch und Butter ein Höchstmaß an lebenspendender Kraft haben, wird ein feierlicher Dankgottesdienst abgehalten. Dann brennt in heiligem Schrein ein Docht in der Schale, die mit der ersten Junibutter gefüllt ist. *Price* läßt sich später zweimal monatlich, im Sommer wie im Winter, Butter aus diesen Hochtälern schicken, um sie im Laboratorium zu untersuchen. Die Junibutter erweist sich jeder anderen überlegen. Über die erfolgreichen Kuren, die *Price* mit dieser Butter durchführt, wird an anderer Stelle noch zu sprechen sein. Wenn im August die Lötschentaler ihr Heimatfest begehen, lodern überall auf den Höhen über dem Tal die Freudenfeuer. *Price* hört ergriffen den Gesang der Menge, und es scheint ihm, daß der Wahlspruch dieser Feier „einer für alle und alle für einen" nicht nur für diesen Tag und Augenblick die Bergbewohner verbindet, sondern auch sonst im Alltag verwirklicht wird.

In der Rückschau auf seinen Aufenthalt im Lötschental schreibt *Price* später: „Wie verschieden ist doch der Gesichtskreis und die sittliche Grundlage dieser Menschen von jenen vielen in einer sogenannten zivilisierten Welt, die sich zu einem Leben erniedrigt haben, das nur einen Wert, den des Geldes kennt, und in dem nur der Gelderwerb gilt, gleichgültig ob der Mensch dabei verkümmert oder ausgelöscht wird. Ich fragte mich, ob in den lebenspendenden Vitaminen und Mineralien nicht auch etwas enthalten ist, was nicht nur die schöne menschliche Gestalt bildet, sondern auch auf Gemüt und Geist einwirkt und eine höhere Menschlichkeit möglich macht, eine Welt, in der die materiellen Güter erst an zweiter Stelle stehen."

In der Abendkühle, als *Price* seinen Mantel fröstelnd schließt, sieht er die kerngesunden, prächtig entwickelten Kinder des Lötschentals barfuß im Wasser des Gletscherbachs fröhlich plantschen. Wie kümmerlich und kränklich erscheinen ihm in diesem Augenblick die amerikanischen Kinder!

Er bekennt, daß ihn selten der brennende Wunsch, das Geheimnis der Gesundheit den Kindern der Zivilisation zu erschließen, so heftig bewegt habe wie hier im Angesicht einer großartigen Natur und eines Menschenschlags von innerer und äußerer Schönheit. Wenn *Price* in solchen Augenblicken den unabweisbaren Ruf einer des Arztes bedürftigen Welt zu hören meint – er wird ihm bis zu seinem Tode folgen –, so denkt man unwillkürlich an das Getriebensein der großen Ärzte auf der Suche nach dem Heil, an *Paracelsus*, an *Hahnemann*, an *Jung-Stilling* und an die vielen namenlosen Berufenen, die, ohne zu fragen, was es ihnen einträgt, ihr Leben im Dienst am leidenden Menschen vollenden.

Die Untersuchung der Kinder aus den Familien, die die ursprüngliche Ernährung beibehalten haben, hat ein eindeutiges Ergebnis. Im Durchschnitt müssen drei Kinder zwischen 7 und 16 Jahren untersucht werden, bis ein einziger schadhafter Zahn oder Milchzahn zu finden ist, d. h. es sind 0,3% der Zähne kariös. Die Erwachsenen zeigen ein ähnliches Bild: kein Zahnverfall, keine Deformierung der Zahnbögen, keine Verengung des Gesichts, geringe Anfälligkeit gegen Infektionskrankheiten. Bei einer Untersuchung der Schweizer Gesundheitsbehörde war im Lötschental kein Fall von Tuberkulose zu finden, obgleich ähnliche Täler mit anderer Ernährungsart schwer von ihr heimgesucht sind. Wenn jungen Leuten Zähne fehlen oder sich Spuren einer überstandenen Karies zeigen, so erfährt *Price* immer wieder, daß sie zeitweilig ihre Berge verlassen hatten und ein oder zwei Jahre in dieser oder jener Stadt gewohnt haben. In diese Zeiten fallen regelmäßig ihre Zahnerkrankungen.

Was ist nun die überlieferte altgewohnte Ernährung der Lötschentaler? Ein wichtiger Umstand: sie sind Selbstversorger und in keiner Weise auf eingeführte Lebensmittel angewiesen. Ackerland ist nur in beschränktem Umfang vorhanden, es wird nur Roggen angebaut, der indessen zur Ernährung der Bevölkerung ausreicht. In den Hausgärten sieht man einige Gemüse, vor allem Spinatpflanzen. Jede Familie besitzt Kühe und Ziegen. Im Sommer folgen die Herden der weichenden Schneegrenze bis zu den Gletschern. Das rasch wachsende Gras in diesen Höhen ist besonders reich an Nährstoffen und Wirkstoffen, wie die chemische Analyse zeigt. Dementsprechend ist auch der Gehalt der Milcherzeugnisse an Wirkstoffen weit höher, als das im allgemeinen in Amerika und Europa, aber auch in den tiefer gelegenen Teilen der Schweiz der Fall ist.

Vollkornbrot aus selbstgemahlenem Roggen, Milch, Käse, einmal in der Woche Fleisch, einige Gemüse – das ist die Grundlage der Ernährung. Die Kinder erhalten auf ihre Brotscheiben Käseschnitten von gleicher Stärke. Dazu trinken sie Milch von Kuh oder Ziege. Aber die Zeit liegt noch nicht allzulange zurück, da es als Schulfrühstück geröstete Roggenkörner gab.

Im Wallis wird *Price* vom Schweizer Arzt *Roos* geführt, der selbst Gebißuntersuchungen in den Hochtälern durchgeführt hat. Auch dort war Karies selten, solange ein Tal nur auf Gebirgspfaden zu Fuß zu erreichen war. Dann wurde die Furkastraße gebaut, das Tal dem Verkehr erschlossen, und sogleich änderten sich die Verhältnisse grundlegend. An Stelle der erwähnten Kost traten die vitaminarmen Kohlehydratträger Feinmehl, Teigwaren, Zucker, und die Zahnkaries verbreitete sich rasch in steigendem Maße.

Vom Visptal aus, zwischen Matterhorn und Rhone, besucht *Price* einige unzugänglich wie Bergfestungen über dem Tal liegende Dörfer. Auch hier handelt es sich um isolierte Wohngebiete, in denen die Ernährung jener im Lötschental gleicht. In Grachen untersucht *Price* die Schuljugend und findet nur 2,3% kariöse Zähne bei auch sonst hervorragendem Gesundheitszustand. Besonders fällt die Leistungsfähigkeit der Herzen der Bergbauern auf. Die starke Beanspruchung, man möchte fast Überbeanspruchung sagen, führt nicht zu vorzeitigem Verbrauch, sondern zu einer ungewöhnlich guten Ausbildung. *Price* trifft eine 62jährige Frau, die eine schwere Last Roggen, sorgsam in ein Tuch eingeschlagen, den steilen Berg hinaufträgt.

Hier sind noch die uralten Steinmühlen in Betrieb, mit denen der Roggen zu 100% ausgemahlen wird. Und im Gemeindebackofen backen die Familien ihr Roggenbrot reihum, jeweils für den Bedarf eines Monats. Man denkt an die gleich leistungsfähigen und gesunden finnischen Bauern in jenen Gegenden, wo sie auf kargem Boden noch Selbstversorger sind, ihren Roggen selbst vermahlen und ihr hartes Brot oft für Monate im voraus backen. Man sieht die runden Brotfladen dort auf langen Stangen an der Decke hängen.

In Visperterminen, wo auf tiefer liegenden südlichen Terrassen sogar etwas Weinbau möglich ist, bleibt der Befund ungefähr gleich: 5,2% der Zähne der Schuljugend zeigen Kariesbefall. Immerhin ist beachtenswert, daß die Immunität gegen Karies hier nicht stärker ist, da es neben der auch sonst üblichen Kost – Roggenbrot und Roggengerichten, Milch und Milcherzeugnissen, einmal wöchentlich

Fleisch – auch Kartoffeln, etwas reichlicher Gemüse und gelegentlich Trauben oder Wein gibt.

Man hat den Zahnverfall in Verbindung mit einer Übersäuerung von Blut und Speichel infolge übermäßiger Getreidekost gebracht. Aber die Wirklichkeit sagt etwas anderes aus.

Ein lehrreicher Gegensatz bietet sich in einem anderen Seitental der Rhone. In Ayer, gerade erst dem Verkehr erschlossen, ist die Karieshäufigkeit nur 2,3%, während sie im benachbarten, bereits weitgehend dem Verkehr und den üblichen industrialisierten Lebensmitteln überantworteten Vissoie mehr als 20% beträgt.

Es stellt sich die Frage, wieweit günstige Umwelt- und Klimabedingungen die Ursache von Gesundheit und Widerstandskraft der Bevölkerung in den hochliegenden Orten der Schweiz sind. Man mag das Klima so hoch einschätzen, wie man will, ohne eine entsprechende Ernährung scheint seine Gunst nicht zur Wirkung zu kommen. Das zeigt die starke Verbreitung der Tuberkulose in vielen Tälern, das demonstrieren aber auch die Untersuchungen von *Price* in St. Moritz.

Er schreibt selbst über seine Untersuchung der Schuljugend in St. Moritz: „Die Zähne der Kinder waren glänzend und sauber, ein beredtes Zeugnis für gründliche Mundpflege mit modernen Zahnputzmitteln. Die Gaumen sahen besser aus und die Zähne wirkten schöner, als ich das zumeist in den isolierten Hochtälern beobachtet hatte, denn hier waren Zahnstein und Speisereste entfernt. In diesem herrlichen Klima, in solch großartiger Lage konnte man gewiß bei Anwendung aller Erkenntnisse der modernen Zahnheilkunde eine 100%ige Immunität gegen Zahnkaries erwarten. Aber die Untersuchung der Kinder zwischen 8 und 15 Jahren zeigte, daß bereits 29,8% ihrer Zähne von Karies befallen waren."

Der Prozentsatz wäre noch höher gewesen, wenn man die wenigen Kinder mit vollständig gesunden Gebissen ausgeschieden hätte. Ausnahmslos kamen diese Kinder aus Familien, die im wesentlichen die überlieferte Ernährungsweise beibehalten hatten. Da war z. B. eine Klasse von 19 gleichaltrigen Jungen, bei denen 16 insgesamt 158 offene Löcher oder Füllungen hatten, so daß auf jedes Kind im Durchschnitt fast 10 schadhafte Zähne kamen. Diese Jungen aßen nur oder fast nur Weißbrot und tranken wenig oder keine Milch. Und auch sonst bestand ihre Ernährung aus den üblichen industrialisierten Lebensmitteln. Die drei anderen Schüler erhielten das heimische Roggenvollkornbrot und tranken viel Milch. Ihre Zähne waren bis auf eine oder zwei Füllungen gesund, ja einer von ihnen hatte ein völlig ungeschädigtes Gebiß. Dieser erhielt täglich zur Landeskost noch Haferbrei.

Als *Price* nach langem Aufenthalt in den schönen Hochtälern in die komfortable Wohlhabenheit der Schweizer Städte zurückkehrt, fällt seinem geschulten Blick der starke Gegensatz der Gesichtsbildung der Menschen schon in der Öffentlichkeit auf, in der Bahn, auf der Straße, im Gasthaus. Schmale Gesichter, enge Zahnbögen, zu enge Nasenlöcher, unregelmäßige Gebißbildungen, alles Anzeichen für frühe Entwicklungsstörungen, vielleicht schon von angeborenen degenerativen Mißbildungen. In den abgeschlossenen Hochtälern waren solche Fälle nicht zu beobachten.

Um das Bild der Schweizer Untersuchungen abzuschließen, ist das Ergebnis in Herisau im Kanton St. Gallen erwähnenswert. Nach den Erhebungen der Schweizer Gesundheitsbehörden ist die Verbreitung der Karies sehr groß, sie schwankt in den einzelnen Kantonen meist zwischen 95 und 98%, der günstigste Prozentsatz ist 85. In der Nähe des Bodensees ist der Stand am ungünstigsten, hier hat praktisch jeder Einwohner kariöse Zähne.

Um neue Aufschlüsse aus dem Vergleich so naher und doch so gegensätzlicher Lebensweisen zu gewinnen, führt *Price* seine Untersuchungen in Herisau mit Unterstützung der Schweizer Behörde durch. Hier scheint alles ergründet, überlegt und mit Sorgfalt durchgeführt, was die volle Gesundheit der heranwachsenden Jugend sichert. Besonders eindeutig trifft das für einige Internate zu, deren Zöglinge *Price* untersucht. Die Kinder treiben viel Sport. Es gibt weite, von schönen Baumgruppen eingefaßte Rasenplätze, auf denen sich die Kinder bei Bewegungsspielen tummeln, in leichter Turnkleidung, den Körper den wohltätigen Strahlen der Sonne aussetzend. Die ärztliche Betreuung ist vorbildlich, die hygienischen Verhältnisse musterhaft. Und doch findet *Price*, daß in den Altersklassen zwischen 10 und 16 von mehr als 2000 untersuchten Zähnen über ein Viertel von Karies befallen ist und viele Kinder Abszesse haben.

Da die Kinder sich viel im Freien bewegten, in der guten frischen Luft ihrer Spielplätze, war ihr Appetit ausgezeichnet. Die Verpflegung war reichlich, bestand aber aus der üblichen Zivilisationskost mit ihrem Übergewicht an vitaminarmen Kohlehydratträgern, Weißbrot, Teigwaren aus Feinmehl, Zucker, Marmelade.

Wir haben gesehen, wie es in den verschiedenen Ländern und Erdteilen keineswegs immer die gleichen Nahrungsmittel sind, die eine gute Konstitution und eine volle Gesundheit begründen. Aber wenn man annimmt, daß jedes einzelne Land ein charakteristisches, für seine Umwelt typisches Nahrungsmittel besitzt, ein Lebens-Mittel im genauen Wortsinn, dann wäre für die Schweiz die Milch zu nennen. Wo es keinen Zahnverfall gab und der allgemeine Gesundheitszustand der Jugend hervorragend war, wurde ausnahmslos viel Milch getrunken. Umgekehrt war der Milchverbrauch überraschend gering, wo sich die größten Schäden zeigten.

Es erscheint als ein schlechtes Geschäft, wenn die Milch zu Schokolade verarbeitet wird – um exportiert zu werden, und im Austausch denaturierte Mehle und andere entwertete Nahrungsmittel eingeführt werden.

Bei der äußersten Unlust, mit der der moderne Mensch allgemein an eine Änderung seiner Ernährung denkt, wurden auch in der Schweiz geduldige Sündenböcke für den nicht zu übersehenden Zahnverfall gesucht. Man sah sie einmal im Mangel an Jod, dann wieder im Kalkmangel. Aber weder die Beigabe von Jod zur Nahrung, noch die Verwendung von Kalkpräparaten bei der Brotherstellung haben die Verbreitung der Zahnkaries mit ihren Begleiterscheinungen und ihren schwerwiegenden Folgen einschränken können.

Unter afrikanischen Volksstämmen

Die Beobachtungen von *Price* sind mir auf eigenen Reisen in Afrika eindrucksvoll bestätigt worden. Es gibt Erlebnisse, die einen Tatbestand oder einen Zusammenhang besser erhellen, tiefer dem Gedächtnis einprägen als ein Haufen statistischer Zahlen. Als ich im Jahr 1952 eine Expedition in den tropischen Urwäldern Westafrikas durchführte, zeigte mir das Leben ein Bild, das mir eindrucksvoller erschien als eine theoretische Abhandlung.

Auf dem Marsch durch das Grenzgebiet Liberiens und Französisch-Guineas hatte ich im Stammesgebiet der Gios in einer großen Eingeborenensiedlung haltgemacht, um meinen Weitermarsch durch das wegelose Urwaldgebiet vorzubereiten. Einem jungen Gio von 16 oder 17 Jahren, einem schlanken, feingliedrigen Burschen, den ich als Diener angeworben hatte, gab ich eine Portion gekochtes Fleisch mit dem Auftrag, sich selbst zu versorgen und den Rest den Hunden zu geben. Zu meiner Überraschung beobachtete ich, wie der Junge den Hunden das Muskelfleisch hinwarf, sich selbst nur wenig davon zurückbehielt, dafür aber die starken Knochen mit seinen Zähnen zu knacken begann. Ich rief ihm zu, er würde sich seine Zähne zerbrechen. Aber er fuhr lachend in seiner Beschäftigung fort und meinte nur, er wisse ebensowohl wie die Hunde, was gut sei.

Als der Stammeshäuptling zu Ehren des seltenen Gastes ein Fest gab, versammelte sich die ganze Bevölkerung im „Compound“, vielleicht 2000 Männer und Frauen. Aus den dunklen, lachenden Gesichtern blitzten die herrlichen Zähne. Wohin ich auch blickte, es waren nur vollkommen ausgebildete Zahnbögen und fehlerfreie, ganz symmetrische, regelmäßig stehende Zähne zu sehen. Nun war kürzlich in diesem Ort die erste Schule für ein oder zwei Dutzend Jungen aus den Häuptlingsfamilien gegründet worden. Der in der Hauptstadt Monrovia ausgebildete schwarze Lehrer kam, um mich zu begrüßen, und mit ihm lernte ich den einzigen zivilisierten Neger dieses Gebiets, aber auch den einzigen Mann mit schwer geschädigtem Gebiß kennen. Seine Zähne bestanden ausnahmslos aus schwarzen Stümpfen. Ich erfuhr, daß er 10 Jahre lang in der zivilisierten Stadt gelebt und sich dort an die importierten Lebensmittel gewöhnt hatte.

Dieses Beispiel mag besonders drastisch erscheinen, aber es wiederholt doch nur das, was man auch in Afrika beim Vergleich von zivilisierten mit noch ursprünglich lebenden Negern feststellen muß. Zu den bisher mitgeteilten Beobachtungen in anderen Erdteilen ist Afrika eine wichtige Ergänzung, denn insbesondere im tropischen Neger-Afrika liegen die Verhältnisse in mancher Hinsicht anders.

Der Neger hat sich nicht wie der Indianer über alle Klimazonen ausgebreitet und überall eine vollkommene Anpassungsfähigkeit bewiesen. Im wesentlichen blieb die Rasse der Neger auf die tropische und subtropische Zone beschränkt, und sie hat sich offensichtlich nur in diesen Breiten ganz zu Hause gefühlt. Hier aber hat sie eine hervorragende Widerstandskraft bewiesen und bisher auch die Wirkungen der Zivilisation besser überstanden als fast alle anderen primitiven Völker. Eine so weitgehende Degeneration und Verkümmerung der Rasse, wie etwa bei Indianern und Australiern, ist in Afrika nicht eingetreten. Zum Aussterben verurteilt scheinen in Afrika nur Völker nicht-negridischer Herkunft – Hottentotten, Buschmänner, Pygmäen.

Diese größere Widerstandskraft des Negers gegen Änderungen seiner heimatlichen Umwelt und insbesondere des von uns so genannten Umweltfaktors Nr. 1 geht wahrscheinlich auf zwei Ursachen zurück: auf eine dieser Rasse eigene, spezielle Anpassungsfähigkeit und mehr noch auf den Umstand, daß die typische Zivilisationskost hier zumeist nicht in dem extremen Ausmaß eingeführt worden ist wie in anderen primitiven Gebieten. Um so bedeutsamer ist es, daß auch in Afrika die gleichen Schäden auftreten, wenn auch in weniger krasser Form und zum Teil in langsamerer Entwicklung.

Wenn das Ernährungsexperiment der Zivilisation auch in Afrika nicht so konsequent durchgeführt wird wie anderswo, wenn hier manche das einfache Bild verwirrende Begleitumstände auftreten, so wird das Gesamtbild durch die hier gemachten Beobachtungen doch wesentlich klarer. Interessant ist die Gegenüberstellung einer Mangelnahrung der Primitiven mit der Zivilisationskost. In vielen Gebieten Afrikas gibt es trotz der üppigen Natur Nahrungsmangel, teils vorübergehend bei Mißernten oder vor der neuen Ernte, zum Teil auch als Dauerzustand. Zumeist ist es der Mangel an hochwertigem Eiweiß, der hier und da, wie z. B. in Kenia, auch zu schweren Krankheitserscheinungen führt. Im allgemeinen macht man indessen die Erfahrung, daß diese „natürliche" Mangelnahrung zwar zu Apathie, Abmagerung, Sinken der Leistungsfähigkeit führt, aber keine degenerative Entwicklung auslöst. Nach Verabfolgung einer eiweißreichen Kost erholen sich die Eingeborenen rasch und erlangen ihre volle Gesundheit und Leistungsfähigkeit wieder.

Oberflächliche Beurteiler haben gemeint, mit dialektischer Spitzfindigkeit den Begriff einer „natürlichen" Nahrung als Unsinn abtun zu können. Danach wäre die sogenannte Zivilisationskost genau so natürlich wie jede andere, da Mehl, Inhalt von Konservendosen und Zucker letztlich auch von der Natur geliefert würden. Das läßt sich auch von allen anorganischen Stoffen sagen. Aber es handelt sich hier ja um etwas ganz anderes. Wenn wir von „natürlichen" Nahrungsmitteln sprechen, so sind damit Nahrungsmittel gemeint, die noch alle Stoffe enthalten, die die Natur ihnen mitgegeben hat, und die auch durch das Hinzufügen nahrungsfremder Substanzen nicht verändert sind. So ist Vollreis ein natürliches Nahrungsmittel, während man das vom polierten Reis nicht sagen kann. Rohe Milch unterscheidet sich von Kondensmilch, frischer Fisch von chemisch behandelten Marinaden, frisches Obst von solchem, das einen Prozeß mit Schwefelsäure und anderen Chemikalien über sich hat ergehen lassen müssen. Hier haben wir also eine ganz eindeutige Definition, was man unter „natürlicher" Nahrung im Gegensatz zu denaturierten, raffinierten, gefärbten, chemisch konservierten und sonst in ihrem Bestand veränderten Lebensmitteln verstehen muß.

Schon auf Grund der doch fast stets unvollkommen bleibenden chemischen Analyse, ebenso aber auch durch unmittelbare Erfahrung wissen wir, daß im natürlichen Nahrungsmittel in sehr vielen Fällen eine Vielzahl von Stoffen vereint ist, die der Mensch eben in dieser Zusammenstellung zur vollen Verwertung der Nahrung braucht. Das Fehlen dieser aufeinander wirkenden Stoffe unterscheidet die sogenannte Zivilisationskost grundsätzlich von den natürlichen Lebensmitteln, deren Überlegenheit sich sogar noch bei der Wirkung afrikanischer Mangelnahrung zeigt. So habe ich zum Beispiel bei den Stämmen im Hinterland von Liberien in der Regenzeit vor der Reisernte eine sehr gesunde und erstaunlich leistungsfähige Bevölkerung angetroffen, obgleich sie seit langem Mangel an Nahrung hatte. Meine Träger hatten seit Wochen weder Fleisch noch Fisch gesehen, von wenig Reis und der stärkehaltigen Kassawawurzel, gelegentlich von Früchten und grünen Pflanzen und Palmöl oder Palmbutter gelebt. Sie traten morgens meist nüchtern an, trugen Kopflasten von 50 bis 60 Pfund und legten Entfernungen von 40 km ohne sichtbare Beschwerden auf schlechten Wegen bei großer Hitze zurück, dabei lange Wegstrecken im Laufschritt. Nachmittags am Zielort erhielten sie Reis mit Palmöl. Die Leute waren gesund und hatten weder Zahnkaries noch zeigten sich andere Ausfallerscheinungen, wie sie bei der industrialisierten Mangelnahrung überall auftreten.

Auch andere Beobachtungen sprechen dafür, daß die Hungernahrung der Primitiven, soweit sich natürlich der Mangel in gewissen Grenzen hält, der Zivilisationskost immer noch überlegen ist. Auf den großen Gummiplantagen nahe von Monrovia, Liberien, wo die Arbeiter weitgehend mit importierten Lebensmitteln versorgt werden, tritt die Tuberkulose oft in heftiger Form auf und führt rasch zur Arbeitsunfähigkeit. Erkrankte werden in ihre Heimatdörfer entlassen. Dort scheint die Krankheit einen ähnlich milden Verlauf zu nehmen und zu keiner Epidemie zu führen, wie wir es schon bei den primitiven Eskimostämmen auf Grönland festgestellt haben. Der amerikanische Arzt Dr. *Harley*, der seit 20 Jahren im Hinterland Liberiens arbeitet und die Verhältnisse von Grund auf erforscht hat, berichtet, daß unter den Eingeborenen immer einzelne Fälle von Tuberkulose vorkommen, daß es aber weder zu seuchenhafter Ausbreitung noch zu schwerem, rasch zum Tode führendem Verlauf kommt. Dabei ist die Nahrung der Eingeborenen in diesem Gebiet arm an Eiweiß, nach zivilisierten Begriffen eine Hungerkost.

Man kann hier wohl eine Parallele zur Ernährung des chinesischen Bauern und Kulis sehen, der sich bei einer nach herrschenden modernen Vorstellungen als Mangelnahrung anzusprechenden Kost durch die Jahrhunderte gesund und frei von Degeneration gehalten hat.

Auch aus Tibet wissen wir, daß die scheinbar einseitige und sehr knappe Nahrung der Eingeborenen weder die Leistungsfähigkeit mindert noch zu Degenerationserscheinungen führt. Der Schweizer

Forscher *Heim* berichtet: „Die Hauptnahrung des Tibeters, des abgehärteten Hochlandmenschen, ist Tsamba. Das ist geröstetes Gerstenmehl. Auch auf Expeditionen in diesem Lande hat es mir als vortreffliche Hauptnahrung gedient. Man braucht Tsamba nur zu einem Teig zu kneten, so ist es, selbst kalt, unmittelbar genießbar und gibt erwärmt eine wohlschmeckende Suppe. Wie Tsamba die tägliche Nahrung, so ist Buttertee das tägliche Getränk.“ [29]) Bemerkenswert ist, daß die Vollwertigkeit dieser knappen Kost sich nicht nur bei dem an sie gewöhnten Tibeter bewährt, sondern auch beim Europäer *Heim*. Er berichtet: „Im Winter, in Chinesisch-Tibet reisend, mit spärlichem Proviant – Tsamba, etwas Butter und Rohzucker –, stets bei bester Gesundheit und Leistungsfähigkeit, oft bei –20° C, wochenlang ohne geheizten Raum, dabei 10 Pässe zwischen 4500 und 5200 m überschritten.“ [29])

Wir kommen auf die Untersuchungen von *Price* in Afrika zurück. Er hat die Volksstämme in Ostafrika aufgesucht, ist bis zur abessinischen Grenze gereist, war im Kongogebiet und am Oberlauf des Nils. Untersuchungen in Ägypten bei der arabischen Bevölkerung schließen diese Reise ab.

Zusammenfassend ist zu sagen, daß *Price* im allgemeinen eine sehr schöne Gebißbildung und geringen Kariesbefall feststellt. Die beste Konstitution haben die Viehzüchter und die Stämme, die sich reichlich von Fisch ernähren. Nicht ganz so gut ist die Konstitution der Ackerbauer mit mehr oder weniger einseitig pflanzlicher Nahrung. Wir zitieren aus dem Bericht von *Price* wörtlich: „Es ist sehr bezeichnend, daß wir bei unseren Untersuchungen von 6 Stämmen nicht einen einzigen kariösen Zahn fanden und nicht einen einzigen mißgebildeten Zahnbogen feststellten. Bei anderen Stämmen war die Immunität gegen Zahnkaries fast vollkommen. Bei 13 Stämmen fanden wir keinen Eingeborenen mit unregelmäßig geformten Zähnen. Dagegen ist Gebißverfall bei Angehörigen der gleichen Stämme häufig, die zur zivilisierten Lebensweise übergegangen sind. Und in der diesen Zivilisierten mit moderner Ernährungsweise folgenden Generation sind Mißbildungen der Zahnbögen häufig.“

Bemerkenswert ist, daß das Abfeilen der Schneidezähne nicht zum Verfall dieser Zähne führt. Bei jenen Stämmen Westafrikas, die ihre Schneidezähne spitz feilen, habe auch ich niemals ein Krankwerden dieser stark verunstalteten Zähne beobachtet.

Aus den zahlreichen Einzeluntersuchungen von *Price* seien hier nur einige besonders charakteristische angeführt.

Massai: Viehzüchter. Ernährung: Milch, Blut, Fleisch, als Ergänzung Pflanzenkost und Früchte. Konstitution: lang, mager, hagere Gestalten. Kräftig und gesund. Zahnkaries: 0,4%.

Kikuyu, Kiambu, Wakamba: Ackerbauer. Ernährung: Süßkartoffeln, Mais, Bohnen, Bananen, Hirse, Kaffernkorn. Zahnkaries: 5,5 bzw. 6,2%.

Maragoli: Ackerbauer und Fischer. Ernährung: Fisch, Gemüse, Süßkartoffeln. Zahnkaries: 0,2%.

Archoli: Viehzüchter. Ernährung: Milch, Blut, Fleisch. Pflanzliche Zukost. Keinerlei Zahnkaries.

Bei den Stämmen an der Grenze Abessiniens mit rein pflanzlicher Nahrung (Mais, Bohnen, Hirse, Süßkartoffeln, Bananen, Kafferkorn) sind die Ergebnisse weniger günstig, ebenso wie bei ackerbautreibenden Stämmen in Belgisch-Kongo: 2 bis 6% Karies. Dagegen findet *Price* bei den Baitu in Ruanda (Belg.-Kongo), die neben Ackerbau auch Viehzucht betreiben, keinen einzigen kariösen Zahn.

Am Kivu-See untersucht *Price* die Zähne der Angestellten des Touristenhotels. Unter ihren 320 Zähnen findet er 20 kariöse und alle 20 im Munde des Kochs, der für die Europäer kocht. Die anderen Angestellten verpflegen sich selbst auf die althergebrachte Art und sind gesund.

Im Gegensatz zu diesen Ergebnissen ist der Zahnverfall in den Plantagengebieten stark verbreitet, auch bei den eingeborenen Kaffeebauern. Denn sie beschränken sich zumeist auf den Anbau für den Export und kaufen sich für den Erlös eingeführte Lebensmittel: Mehl, Zucker, Konserven, geschälten Reis.

Im Nil-Sudd mit seiner reichen Fischnahrung findet *Price* bei den Eingeborenen keinen einzigen kariösen Zahn.

Die Ernährung der Araber im Sudan gewährleistet keine Immunität gegen Karies, aber sie ist doch weit mehr Schutznahrung als die übliche Zivilisationskost. Ein Beispiel bietet die Untersuchung der Schüler zweier arabischer Schulen im arabisch-primitiven Omdurman und dem am anderen Nilufer gelegenen modernen Khartum. In Omdurman hatten 6,4% der Schüler kariöse Zähne, und diese waren Söhne reicher Kaufleute und gaben zu, viele Süßigkeiten und eingeführte Nahrungsmittel zu genießen. In Khartum hatten 44,2%

der untersuchten Schüler kariöse Zähne. In einer Schule in Kairo waren es 30%.

Auch bei 17 der untersuchten afrikanischen Volksstämme ist eine ausgebreitete Zahnkaries bei der jüngeren Generation immer von mehr oder weniger häufigen Mißbildungen des Gesichts und der Zahnbögen begleitet. Nachprüfungen ergeben in allen Fällen, daß diese Degeneration nur bei jenen Kindern auftritt, die nach der Ernährungsumstellung der Eltern geboren sind. Bei 13 primitiv lebenden Stämmen hatte *Price* nicht eine einzige Mißbildung gesehen.

Die in Afrika beobachteten fehlerhaften Zahn- und Kieferbildungen sind die gleichen, die *Price* von seinen Untersuchungen in den Vereinigten Staaten kennt. Am häufigsten finden sich hier wie dort nach innen gedrückte Backenzähne, eine Verengung besonders des oberen Zahnbogens, wodurch die oberen Schneidezähne herausstehen und die Eckzähne aus der Reihe gedrängt werden. Zu diesen bei primitiv lebenden Stämmen unbekannten Unregelmäßigkeiten der Zahnstellung treten in Gebieten mit vorherrschender Zivilisationskost, z. B. in der Hafenstadt Mombasa, Unterentwicklungen des unteren oder mittleren Drittels des Gesichts. Die betroffenen Eingeborenen erhalten dadurch einen Ausdruck, der dem Rassentypus sonst fremd ist.

Es lohnt sich, noch einmal auf die schon gestreifte Frage zurückzukommen, warum der primitive Mensch so leicht und so rasch der angebotenen Zivilisationskost verfällt. Gerade aus Afrika liegen genügend Beobachtungen darüber vor. Offensichtlich besitzt auch der Primitive keinen sicheren und beständigen Instinkt, ob ihm eine Nahrung heilsam oder schädlich ist. Im Gegensatz dazu haben Experimente erwiesen, daß das Tier einem solchen Instinkt folgt. So haben Ratten eine mit Vitamin A oder B angereicherte Kost einer anderen, gleich schmeckenden und gleich riechenden, nach einigem Zögern vorgezogen [60]). Wenn der primitive Mensch seine überlieferte Ernährungsweise verläßt, so handelt er nach ganz anderen Motiven. Wir scheiden die Fälle aus, in denen eine wirtschaftliche Notwendigkeit vorliegt, der Eingeborene also nicht mehr in der Lage ist, seine Nahrung selbst anzubauen oder zu beschaffen, sondern das kaufen muß, was er für seinen Lohn oder den Erlös seiner Produkte erhält. Davon also abgesehen, finden wir als Motive: Bequemlichkeit, Nachahmungstrieb – der in Richtung auf Übernahme zivilisierter Lebensgewohnheiten allgemein stark ist –, zusagenden Geschmack. Die verfeinerte zivilisierte Kost ist eine ausgesprochene Reizkost, die auch für den Primitiven etwas Faszinierendes hat und seinen Geschmack meist rasch wandelt. Alle diese Motive sind so stark, daß eine Rückkehr zur alten Ernährungsweise ohne Zwang nicht denkbar erscheint.

Die überkommene Nahrungsweise der Primitiven beruht also kaum auf Instinkt, sondern auf jahrhundertealter Erfahrung und auf Lehre. Die konservative Gesinnung und das natürliche Mißtrauen gegen das unerprobte Neue lassen die Alten oft beim Überlieferten bleiben. Sobald aber das primitive Lebenssystem durch den Eingriff der Zivilisation zerstört ist, gilt der jungen Generation auch die Tradition der gewohnten Nahrung nicht mehr.

Diese Feststellung erscheint insofern wichtig, als sie klar zeigt, daß, wenn schon der Primitive auf dem Gebiet der Ernährung nicht ohne Erfahrung und Lehre gesund bleiben kann, dies für den weit gefährdeteren, weil freieren Menschen der Zivilisation erst recht zutrifft. Wurde jener von der Weisheit der Ahnen geleitet, so sollte es heute die Wissenschaft sein, die die Wege zu einem gesunden Leben, frei von Degeneration, weist. Wie wenig die Nahrung bei primitiven Völkern dem Zufall überlassen wird, wie oft eine Kostform vorgeschrieben ist, deren Zweckmäßigkeit wir heute auch durch wissenschaftliche Untersuchungen und Erkenntnisse bestätigen können, mögen einige Beispiele zeigen.

Schwangere Frauen, manchmal auch stillende, erhalten bei den Massai Blut der Herdentiere als Nahrung, ebenso die Jugend in den wichtigsten Wachstumsperioden. Bei den Nuer am Nil gilt die Leber als heilige und heilsame Nahrung. Die Mädchen der Kikuyu erhalten sechs Monate vor der Heirat eine besondere, kräftigende Nahrung, damit sie gesunde Kinder gebären sollen. Bei anderen viehzüchtenden Stämmen Ostafrikas ist für den gleichen Zweck eine Milchdiät vorgeschrieben. In Westafrika habe ich Eingeborene beobachtet, die in Zeiten des Mangels bei einseitiger Wurzelnahrung sich mit großer Sorgfalt bestimmte Kräuter suchten, um gesund zu bleiben. In diesem Zusammenhang ist auch der Gebrauch zweier sonst seltener Getreidearten als Nahrung für stillende Mütter erwähnenswert. *Price* berichtet, daß er bei afrikanischen Stämmen eine rote Hirseart in Gebrauch fand, die ungewöhnlich reich an Karotin und an Kalk ist. Eine andere Getreideart, von den Eingeborenen Linga-linga genannt, wurde ebenfalls stillenden Müttern gegeben. *Price* stellte bei diesem Getreide einen hohen Gehalt an Mineralien fest.

Auch dort, wo wir bei dem augenblicklichen Stande der jungen Wissenschaft von der Ernährung nicht sagen können, warum und ob eine bestimmte Kost geeignet ist, alle dem Menschen erbmäßig gegebenen Möglichkeiten zu entfalten, sprechen die Ergebnisse einer Kostform eine deutliche Sprache. In Afrika ist der Mensch seit je von einer Unzahl von schweren Infektionskrankheiten bedroht gewesen durch die im feucht-heißen Klima sich üppig entwikkelnden Parasiten. Die schwarze Rasse hat dieser Gefahr und Belastung standgehalten und ihre Volkszahl durch Jahrhunderte gehalten, wenn nicht vermehrt. Erst die Kriege und Sklavenjagden neuerer Zeit haben die Bevölkerungszahl vermindert. Dagegen waren die tropischen Zonen Afrikas lange das „Grab des weißen Mannes“. Erst die Fortschritte der modernen Medizin haben hier Wandel geschaffen. Nicht zwar, indem sie die Gesundheit des Europäers besserten oder seine Widerstandskraft erhöhten, sondern durch die Erfindung wirksamer Mittel gegen die verschiedenen Infektionen.

Die alten Kulturen von Peru

Auf den Spuren der verlorenen Gesundheit gelangt *Price* auch nach Peru. Hier beginnt er mit der Untersuchung von Schädeln, Skeletten und Grabbeigaben aus der Zeit der Inkakultur. Aber auch noch frühere Kulturen der südamerikanischen Indianervölker haben Zeugnisse ihrer Kunst, ihrer Lebensweise und ihrer Konstitution hinterlassen. *Price* untersucht rund 1300 Schädel von Menschen vergangener Kulturepochen und überblickt damit eine lange Reihe von Jahrhunderten.

Es gibt noch keine genauen Untersuchungen über den Zusammenhang zwischen dem Aufblühen der großen Kulturen und ihrer Nahrungsgrundlage. Vielleicht würden wir sonst einen hervorragenden Gesundheitszustand als eine unerläßliche Voraussetzung unter vielen anderen für die Entfaltung einer reichen und kraftvollen Kultur erkennen. Auffallen muß es schon dem flüchtigen Betrachter, daß sich die großen Kulturen vorwiegend an fischreichen Küsten oder in den Tälern der großen Ströme mit ihrer ständigen Zufuhr von lebenspendenden Stoffen entfaltet haben. Für viele der großen Zeiten des Menschengeschlechts sind Wohlgestalt, Schönheit, physische Leistungsfähigkeit und Gesundheit ihrer Schöpfer und Träger bezeugt.

Das trifft auch für die alten Kulturen von Peru zu. Unter den von *Price* untersuchten Schädeln befindet sich kein einziger, der die heute so häufigen krankhaften Veränderungen zeigt. In den Vereinigten Staaten und bei den zivilisierten Primitiven hat es *Price*, in anderen Kulturländern haben es andere Wissenschaftler festgestellt, daß die Entwicklung zur Degeneration am deutlichsten und frühesten in der Bildung oder Mißbildung von Gebiß, Schädel- und Gesichtsknochen sichtbar wird. Im alten Peru ist nichts davon zu bemerken. Die Menschen von damals müssen bei ihrer voll entwickelten Konstitution über eine hervorragende Gesundheit verfügt haben.

Sehr alte Indianerin aus dem Hochland Perus. Wenn der Körper in hohem Alter natürlich auch Abnützungserscheinungen zeigt, so fehlen bei primitiv lebenden Völkern doch die unzähligen Altersleiden der zivilisierten Menschheit, angefangen vom Zahnverfall.

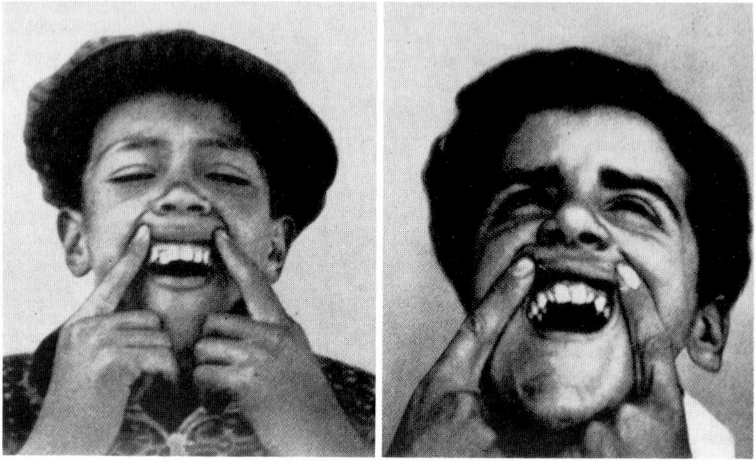

Junge Indianer aus den Kordilleren, deren Familien sich in der zweiten Generation von denaturierten Lebensmitteln ernähren. Es sind reinrassige Indianer, aber sie haben das typische Aussehen ihrer Rasse verloren. Die Degeneration durch Mangelnahrung wird vor allem in einer Verengung des Gesichts und in Gebißmißbildungen sichtbar.

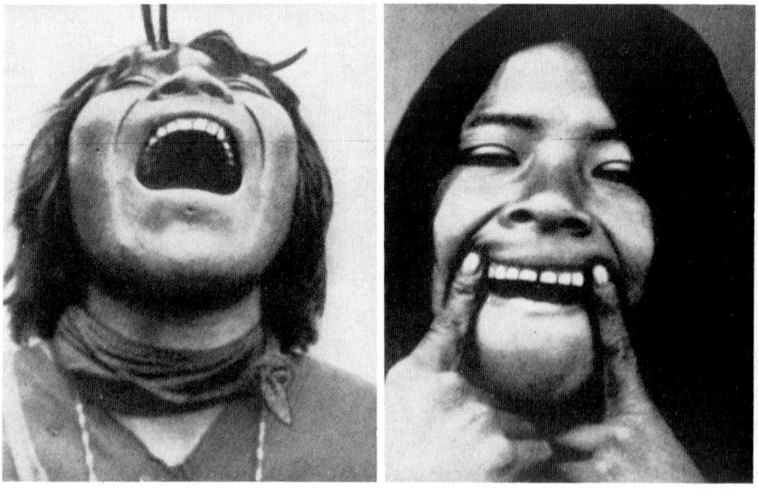

Die natürliche Form des menschlichen Gebisses ist bei diesen Indianern aus Peru deutlich zu erkennen. Die volle Entwicklung des Erbguts ist bei diesen biologisch hochwertig ernährten Volksstämmen die Regel, im Bereich der Zivilisation eine Seltenheit.

Die Nahrung der alten Peruaner ist dank den üblich gewesenen Grabbeigaben bekannt. Einerseits boten ihnen die besonders fischreichen Küstengewässer einen Überfluß hochwertiger Nahrung, andererseits waren sie vorzügliche Ackerbauer und erfolgreiche Pflanzenzüchter. Eine Reihe unserer Kulturpflanzen hat ihren Ursprung in Peru. Ein kunstvolles System von Bewässerungsanlagen muß damals Gebiete, die heute wüst sind, zu üppigen Gärten gemacht haben. Die raschen Flüsse aus den hohen Kordilleren führten den Pflanzungen in den Tälern ständig neue Fruchtbarkeit zu.

Die Inkakultur wurde zerschlagen, sie fand ein jähes Ende durch die Eroberer. Man könnte meinen, daß ein so gewaltsam von der Höhe seiner Entwicklung gestoßenes, rechtlos gemachtes Volk verkümmere und degeneriere. Aber die Nachkommen jener alten Kulturen haben sich nicht nur unverfälscht, sondern auch bei gleicher Gesundheit und frei von jeder Entartung bis heute erhalten. Welch ein Gegensatz zu dem raschen Verfall der modernen Menschheit in den letzten 100 oder gar 50 Jahren!

Price hat die Küstengebiete und das Hochland von Peru bereist und vor allem die noch nach alter Weise lebenden Sippen in den verkehrsfernen Teilen des Landes aufgesucht. Die Ergebnisse seiner Untersuchungen in Peru entsprechen im wesentlichen jenen, die er in anderen Teilen der Welt gemacht hat: Soweit die Indianer ihre schon seit Jahrhunderten bewährte Ernährungsart beibehalten haben, besitzen sie auch die vollkommene Konstitution und Gesundheit ihrer fernen Ahnen. Sie sind von großer Leistungsfähigkeit, körperlicher Kraft und Ausdauer und besitzen eine hohe Immunität gegen viele Infektionskrankheiten. Auch das Alter tritt hier nicht als eine durch viele Leiden und Ausfallerscheinungen verdüsterte Lebensspanne auf. Die Bilder und Berichte von *Price* sprechen von hochbetagten Indianern von großer Rüstigkeit, die den Herden der Lamas und Alpakas bis in die Schneeregionen barfuß folgen.

Besonders bemerkenswert ist die Ernährung auf den Hochflächen der Kordilleren. In diesen großen Höhen wird die Nahrung zumeist roh, getrocknet oder geröstet verzehrt, das gilt zum Beispiel auch für Mais und Bohnen. Diese harte Nahrung nutzt die Zähne stark ab, und so sind bei den Alten die Zahnkronen zu einem erheblichen Teil abgewetzt. Aber wie bei den Eskimos bilden sich durch dieses starke Abschleifen der Zähne weder Löcher noch tritt ein Gebißverfall auf.

In anderen Gebirgsländern, wie der Schweiz und Tibet, spielt die Milch in der Nahrung der Bergbewohner eine wichtige Rolle. Im Hochgebirge Perus hat es früher kein Milchvieh gegeben, und ihre Haltung hat sich bis heute nicht durchgesetzt. Die Eingeborenen sind bei ihrer alten Ernährung geblieben.

Vollwertigkeit der Ernährung läßt sich auf vielerlei Art erreichen, es brauchen nicht immer die gleichen Lebensmittel zu sein, die sie verbürgen. In Peru sind es Getreidearten, vor allem Mais, dann Bohnen, verschiedene Gemüse und Früchte, Vögel, Eier, Fleisch und in den Küstengebieten in erster Linie Fisch, wie es seit alters Brauch war. Erwähnenswert ist die Tatsache, daß die Indianer die Hochwertigkeit bestimmter Nahrungsmittel kennen und sie vor allem in Zeiten besonderer Beanspruchung verwenden. Das gilt zum Beispiel für Fischrogen, der getrocknet sogar auf die Märkte im Hochland gelangt und vor allem für schwangere Frauen bestimmt ist. Bekanntlich ist Rogen ungewöhnlich reich an Wirkstoffen und Mineralstoffen.

Der Übergang von der Primitivkost zur Zivilisationskost ist auch in Peru von den gleichen Erscheinungen begleitet wie in den anderen Teilen der Welt, über die schon berichtet wurde. Und auch hier sind es die gleichen auffallenden Veränderungen der Kieferbildung und der Gesichtsbildung, die bei der jungen Generation auftreten.

Aus dem großen von *Price* mitgebrachten Material seien zwei Beispiele herausgegriffen. Da ist ein Indianer aus Talara, einer Stadt der Ölindustrie in wüster Gegend, deren Bevölkerung mit eingeführten Lebensmitteln versorgt wird. Der Indianer stammt von der Küste, wo seine Vorfahren seit undenklicher Zeit weitgehend von dem gelebt haben, was das Meer ihnen bot. Der Mann hat das typische Gesicht seiner Rasse, ein ausgeprägtes Kinn, breite, schön gerundete Zahnbögen, ein ganz regelmäßiges Gebiß. Die Nase ist breit, die Konstitution sehr kräftig. Sein Sohn, etwa 12 Jahre alt, schon in Talara geboren, nachdem die Eltern einige Jahre von den industriell erzeugten Lebensmitteln gelebt hatten, weist ganz andere Gesichtszüge auf, die sich sowohl von denen des Vaters wie auch denen der Mutter unterscheiden. Das Gesicht ist schmaler, das Kinn spitzer, die Nase erscheint verengt, die Kiefer zusammengedrückt, die Zähne sind unregelmäßig, und die Eckzähne haben auf dem zu schmal gewordenen Zahnbogen keinen Platz in der Reihe gefunden, sie sind nach außen gedrückt.

Ein anderer Indianer ist ein Nachkomme der Inkas aus der Gegend von Cuzco in den Kordilleren. Er ist noch in primitiven Verhältnissen aufgewachsen und hat alle Merkmale seiner Rasse bewahrt, wie sie die Schädelfunde seit mehr als tausend Jahren zeigen. Der Sohn, einige Jahre nach Übersiedlung der Eltern in eine zivilisierte Umwelt geboren, zeigt wiederum die gleichen Abweichungen vom Rassentyp, wie sie *Price* überall in der Welt nach Übernahme der Zivilisationskost festgestellt hat. Immer wieder ist es eine Verengung des Gesichts und als Folge davon eine unregelmäßige Gebißbildung. Auch bei diesem Jungen reicht der Platz nicht für alle Zähne, Eckzähne und Vorderzähne drängen sich vor und hinter die Zahnreihe.

Diese von *Price* so oft und unter so verschiedenen Umweltbedingungen gemachten Beobachtungen gewinnen durch Erfahrungen bei neuen Tierversuchen an Überzeugungskraft. Der Amerikaner *Pottenger*[55]) hat bei durch volle acht Generationen geführten Versuchen geradezu verblüffend ähnliche Wirkungen einer Mangelnahrung bei Katzen festgestellt. Auf die sehr aufschlußreichen Versuche kann hier nicht eingegangen werden, aber ein Ergebnis *Pottengers* verdient in diesem Zusammenhang erwähnt zu werden. Katzen, die mit gekochtem Fleisch ausreichend gefüttert wurden, zeigten auffallende Degenerationserscheinungen, die sich von Generation zu Generation steigerten. Traten schon in der ersten Generation Degenerationsleiden auf, so zeigte bereits die zweite Generation starke Abweichungen vom Rassentyp. Und zwar machten sich ähnliche Veränderungen bemerkbar, wie *Price* sie bei Primitiven nach Einführung der Zivilisationskost festgestellt hat: Spitzwerden des Kinns und Verengung der Zahnbögen, Unregelmäßigkeiten der Kieferbildung und der Zahnstellung, Verengung des ganzen Gesichts. Auch bei diesen unterwertig ernährten Katzen ist schon in der zweiten Generation außer dem schmal und lang gewordenen Gesicht ein deutliches Zurückbleiben des mittleren Gesichtsdrittels zu bemerken. Wie oft hatte *Price* das bei den Kindern der zur zivilisierten Ernährungsweise übergegangenen Primitiven gesehen!

Die Ergebnisse *Pottengers* sind um so schwerwiegender, als die

Katzen nicht etwa mit einer ihnen ungemäßen Nahrung gefüttert wurden. Sie war lediglich durch Kochen so verändert, daß irgendwelche uns noch nicht bekannten Stoffe zerstört wurden und dadurch die von Generation zu Generation anschwellenden Schäden auftraten. Schon die dritte Generation wäre ausgestorben, wenn sie nicht durch eine vollwertige Ernährung gerettet worden wäre. Aber es dauerte volle vier Generationen, bis wieder normale Tiere geboren wurden.

II. Teil

DAS EXPERIMENT DER ZIVILISATION

Das Geheimnis der Primitiven

Wer längere Zeit unter Primitiven in ihrer ursprünglichen Umwelt gelebt hat und sich dann wieder in die Menschenmasse einer modernen Großstadt versetzt findet, wird bei den ihn umgebenden Mitmenschen oft etwas bemerken, was ihm früher nicht aufgefallen war: den Mangel an Ebenmaß. Er zeigt sich sowohl in den Gesichtszügen wie in den Gestalten. Im Gegensatz dazu findet man bei gesunden primitiven Völkern eine schöne Regelmäßigkeit der Gesichtsbildung als allgemeines Kennzeichen. Und das gleiche gilt auch für die Gestalten: sie sind schön oder doch von jener harmonischen Ausgewogenheit wie alles, was die Natur unter günstigen Umweltbedingungen bildet. Eine ausgeglichene Ernährung, die in geheimnisvoller Mischung alle Lebensstoffe im rechten Maße und Verhältnis bietet, scheint auch dem Menschen das ihm von der Natur verliehene schöne Bild zu gewährleisten.

Wenn man nicht vom einzelnen Menschen ausgeht, sondern auf ganze Völker oder Volksstämme blickt, so wird man das äußere Erscheinungsbild der Menschen nicht vom Begriff einer vollkommenen Gesundheit trennen. Zur vollkommenen Gesundheit gehört auch die vollkommene Entwicklung des menschlichen Körpers, die sich so oft als Schönheit darstellt. *Price* hat diese ideale Gesundheit als einen natürlichen Zustand noch in vielen abseitigen Winkeln der Welt gefunden. Aber verläuft die Entwicklung der Menschheit nicht in gegensätzlicher Richtung? Waren die Fahrten von *Price* nicht Fahrten in die Vergangenheit, Reisen zu den *letzten Gesunden?*

Man darf das Wort nicht mißverstehen. Auch innerhalb der Zivilisation gibt es natürlich völlig gesunde und makellos schöne Menschen. Andererseits gab es und gibt es primitive Völker, denen

Krankheit und Degeneration ihre Leidenszeichen aufgeprägt haben. Weder ist Primitivität an sich eine Garantie für Gesundheit, noch bedeutet Zivilisation unvermeidlich Krankheit und Verfall. Im Gegenteil, gerade aus den Beobachtungen von *Price* ersteht die Gewißheit, daß der Zugang zur Treppe der Gesundheit dem Menschen der Zivilisation offen ist. Die Möglichkeit für den Primitiven, in der alten Art ein gesundes Leben zu führen, schwindet mit der technischen Umgestaltung der Welt. Wenn wir beim Bilde bleiben: die Zivilisierung wirft ihn die Treppe hinunter. Umgekehrt ermöglicht das zunehmende Wissen dem modernen Menschen, den verborgenen Zugang zur Treppe der Gesundheit zu finden und Stufe für Stufe wieder aufwärts zu steigen.

Es gibt einen alten chinesischen Spruch, der ungefähr das folgende sagt: Man sollte zuerst mit der Richtigstellung der Begriffe beginnen; wenn die Begriffe nicht richtig sind, stimmen die Worte nicht; stimmen die Worte nicht, kommen die Werke nicht zustande, und es herrscht nirgends Ordnung; herrscht nirgends Ordnung, bringt keine Mühe, weder Gewalt noch Güte, Frucht, und alles ist umsonst; es gibt keine andere Art, die Welt zu verbessern.

Auch bei den Dingen, um die es hier geht, ist die erste Voraussetzung zu einer Besserung die Klärung des heillos verwirrten Begriffs der Gesundheit, wobei wir zunächst nur den Begriff der leiblichen Gesundheit ins Auge fassen, wohl wissend, daß in umfassendem Sinn auch die seelische und die geistige Gesundheit dazu gehört. Den rechten Maßstab, die Norm, können wir uns dort bilden, wo *Price* die letzten Gesunden suchte und fand. Wo gibt es in der zivilisierten Welt ein Volk, ein Land, ja nur eine Stadt, einen Bezirk oder eine Volksgruppe, die vollkommen gesund sind und ohne Arzt, Zahnarzt und Krankenhaus auskommen? Welche Vorstellung verbinden wir überhaupt mit dem Begriff „Gesundheit“? Vielleicht ist nichts so kennzeichnend für den Krankheitszustand der zivilisierten Welt wie die kümmerliche Vorstellung, die wir uns von der Gesundheit machen. Danach ist jeder gesund, der sich frei von Leiden fühlt oder bei dem der Arzt kein Krankheitsgeschehen feststellen kann. Alle unsere Müdigkeiten, alle unsere ständigen Kränklichkeiten, unser Mangel an Widerstandsfähigkeit, unsere Unlust und unsere Nervosität, all diese vielen Beschränktheiten unseres Daseins gehören zum Bild unserer Gesundheit. Aber nicht genug. Um überhaupt die Vorstellung einer Scheingesundheit aufrechterhalten zu können, sind wir gezwungen, einen Trick anzuwenden: wir müssen von Jahrzehnt zu Jahrzehnt immer mehr Krankheitsvorgänge ausklammern, oder, anders ausgedrückt, wir setzen die Norm der Gesundheit immer weiter herab. Der an Zahnkaries leidende Mensch gilt noch als gesund. Der augenkranke, der fußkranke, der magenkranke Mensch erscheint noch gesund, wenn er „im übrigen" keine spürbaren und sichtbaren Leiden aufweist. Rheumatische Beschwerden, allergische Empfindlichkeiten, allerlei Kreislaufstörungen werden in die Gesundheit einbezogen, soweit sie keine ärztliche Behandlung erfordern. Und wenn ein Mann von fünfzig oder vielleicht schon eine Frau von vierzig über dieses oder jenes Leiden klagt, so wird das oft als normal, als „natürlich" empfunden, Alterserscheinungen, die eben bald früher, bald später auftreten. So entsteht eine immer breiter werdende Zone des Zwielichts, in der auch der Arzt nicht mehr genau sagen kann, wo denn eigentlich die Gesundheit aufhört und die Krankheit beginnt.

Wenn man dieser Scheingesundheit immer wieder die vollkommene Gesundheit der Primitiven mit aller Eindringlichkeit gegenüberstellt, so geschieht es nicht etwa, damit wir uns klagend mit unseren Unzulänglichkeiten beschäftigen. Man soll die Gesundheit weder als einen Götzen betrachten, dem man sein Leben weiht, noch die Scheingesundheit als ein Fatum, als Schicksal oder Verhängnis, das man nehmen muß, wie es kommt. Aber erst die Richtigstellung des Begriffs der Gesundheit läßt uns viele Krankheitsgeschehen als solche erkennen und gibt uns die Möglichkeit, sie zu vermeiden oder zu bekämpfen.

Es geht hier ja nicht um jene Krankheiten, die uns plötzlich und gewaltsam, gewissermaßen von vorn und mit kriegerischem Getöse anfallen, sondern um jene, die durch die Hintertür schlüpfen und in der Zone des Zwielichts unbemerkt ihr Zerstörungswerk beginnen. Wenn hier von primitiven Volksgruppen als den letzten Gesunden gesprochen wurde, so gehört zu dieser Kennzeichnung nicht zuletzt die Fähigkeit, das Erbgut, das seit unvordenklicher Zeit eine Generation der nächsten reicht, wie die Eimer in einer langen Kette von Hand zu Hand wandern, ungeschmälert und unverschüttet weiterzugeben. Wenn man wissen will, was vollkommene Gesundheit ist, muß man auch die Jahrtausende, in denen keine Degenerationserscheinungen den Menschen verunstalteten, gegen jene Jahrzehnte stellen, in denen die Verkümmerung des Menschen deutlich ist.

Man wird sich hüten, aus einem Extrem ins andere zu fallen und kurzerhand alle Zivilisationsleiden als Folgen von Ernährungsschäden zu betrachten. Aber die Erfahrungen bei den Primitiven zeigen, daß eine mangelhafte Ernährung viel weiter und viel unerbittlicher wirkt, als das im allgemeinen vermutet wird. Diese Nahrungswirkung zu kennen und das Geheimnis der Gesundheit der Primitiven zu ergründen, ist daher von kaum überschätzbarer Bedeutung. Was ist das Wesen der Primitivkost, das ihr die offensichtliche Überlegenheit über die sogenannte Zivilisationskost gibt? Was ist vollwertige Nahrung?

Ähnlich wie bei der Gesundheit selbst muß man unter dem hier verwendeten Begriff einer vollwertigen Nahrung nicht eine negative Abgrenzung sondern einen positiven Wert verstehen. Man hat sich leider manchmal auch im Bereich der Medizin damit begnügt, eine Ernährung gesund oder vollwertig zu nennen, die keine unmittelbar erkennbaren Schäden und Krankheitszeichen hervorruft, anstatt beim positiven Sinn des Wortes zu bleiben: als vollwertig nur eine solche Nahrung gelten zu lassen, die jene vollkommene leibliche Gesundheit herbeiführt und erhält.

Die vergleichende Betrachtung der verschiedenen Ernährungsweisen der primitiven Völker scheint zunächst allgemeine Schlußfolgerungen zu erschweren. Die Vollwertigkeit einer Kostform ergibt sich zweifelsfrei aus ihrer Wirkung. Nun haben wir aber gesehen, daß die Art der Ernährung bei den gesunden Primitiven sehr verschieden ist. Es läßt sich aus den mitgeteilten Erfahrungen keine orthodoxe Theorie der Ernährung entwickeln. Weder kann man behaupten, daß die vegetarische Lebensweise die richtige ist, noch läßt sich eine Forderung nach überwiegender Fleischnahrung begründen. Eine gewisse Klärung ist aus einer möglichst genauen Analyse der Nahrungsmittel zu gewinnen. Doch sei zuvor ein kurzer Überblick über die vollwertigen Kostformen eingeschaltet.

Bei den Eskimos und den Indianern des hohen Nordens sind die Grundlagen der vollwertigen Kost einerseits Fische und Seetiere, andererseits das Fleisch des Wildes. In beiden Fällen wird besonderer Wert auf die inneren Organe der Tiere gelegt. Ergänzt wird diese Nahrung durch etwas Pflanzenkost: Beeren, Tang, grüne Pflanzen, Wurzeln.

Dieser typischen Nahrung der Küsten-, Wald- und Präriebewohner steht als gleichwertige Kostform die der Viehzucht treibenden Bauern in den Hochtälern der Alpen entgegen: Milch und Milcherzeugnisse, Brot und Brei aus dem vollen Korn des Roggens, einige Gemüse, wenig Fleisch. – Die Viehzüchter Afrikas leben von Milch, Blut, Fleisch und nehmen als Ergänzung Pflanzenkost.

Im Inneren Australiens bietet vor allem die Menge der kleinen Tiere, angefangen von Maden und Insekten bis zu den Nagern und Beuteltieren neben dem Genuß wildwachsender Pflanzen eine vollwertige Nahrung. Bei den vorwiegend vegetarisch lebenden Stämmen Afrikas sind es stets vielerlei verschiedene Nahrungsmittel, aus denen eine vollwertige Kost besteht. Reis oder Mais, auch einige andere Getreidearten, verschiedene Wurzeln und Knollen, wie Süßkartoffeln, Kassawa oder Maniok und Yams, gehören ebenso dazu wie Gemüse, Bohnen, wildwachsende Kräuter und Pflanzen und schließlich Bananen und andere tropische Früchte. Fleisch und Fisch sind bei diesen Stämmen im allgemeinen zwar hoch geschätzt, können aber nur selten den Speisezettel ergänzen, denn Jagd und Fischfang sind in weiten Gebieten Afrikas wenig ergiebig. Auch beschränkt sich der Bestand an Haustieren in den Walddörfern meist auf wenige kleinwüchsige Ziegen und Hühner, seltener werden magere Schweine und Schafe gehalten.

Zum Vergleich sei auch eine vollwertige Kostform Indiens herangezogen. Der englische Ernährungswissenschaftler, Sir *Richard McCarrison*, hat als Leiter der indischen Forschungsanstalt für Ernährung umfassende Untersuchungen über die Art und Wirkung der Kostformen der verschiedenen indischen Rassen angestellt. Diese Erfahrungen sind besonders lehrreich, da die einzelnen Rassen und Volksstämme Indiens an ihren Gewohnheiten so konsequent festhalten, daß Mischformen und Zufälligkeiten beinahe so streng ausgeschlossen sind wie bei einem Laboratoriumsexperiment.

McCarrison faßt seine Erfahrungen mit folgenden Worten zusammen: „Der Grad der körperlichen Leistungsfähigkeit der einzelnen indischen Rassen ist vorwiegend eine Sache der Ernährung. Kein anderer einzelner Faktor – weder Rasse noch Klima noch endemische Krankheiten oder sonstige Ursachen – hat einen so tiefgreifenden Einfluß auf ihre Konstitution und ihre Fähigkeit, schwere Arbeit und langwährende Anstrengungen auszuhalten." [40])

Eine vollkommene Gesundheit, wie wir sie gekennzeichnet haben, besitzen nach *McCarrison* vor allem die Weizenesser unter den Stämmen Nord-Indiens, die Sikh und die Hunsa. Ihr Speisezettel weist vier Hauptnahrungsmittel auf: 1. frisch ausgemahlenen Vollweizen, 2. Milch und Milcherzeugnisse, 3. Hülsenfrüchte, 4. Gemüse und Früchte. – Fleisch wird von diesen Stämmen wenig verzehrt, von einigen beinahe gar nicht, ohne daß diese fast völlig vegetarische Kost eine Schwächung der Konstitution oder der Gesundheit beobachten ließ. Die Pathans Nordindiens weisen bei gleicher Kost und gleichzeitigem reichlichem Fleischgenuß ebenfalls eine vollkommene Gesundheit auf. [40])

Bei der Zusammenfassung der Ergebnisse darf nicht übersehen werden, daß die vollgesunden, von Degenerationserscheinungen freien Primitiven sowohl in Notzeiten als auch bei bestimmten Belastungen und bei gewissen Gefährdungen wirksame Nahrungszusätze gebrauchen. In diesen Zusätzen drückt sich am stärksten die überraschende Vorsorge für die eigene Gesundheit und die der folgenden Generation aus.

Man darf in diesem Zusammenhang wohl von einer Überraschung sprechen, wenn wir entdecken, daß die zurückgebliebenen Rassen bei entscheidenden Gelegenheiten mehr Vorbeugung treiben als der auf seine Vorsorge stolze zivilisierte Mensch.

Diese Zusätze zur Nahrung können zum Beispiel in Hungerzeiten in gewissen Kräutern bestehen, wie wir das aus Westafrika kennen. Oder in Baumknospen und Baumrinde wie bei den Indianern im Norden Kanadas in der vitaminarmen Winterzeit. Bei den Indianern Nordamerikas erhalten die Kinder in der Zeit ihres stärksten Wachstums Knochenmark, bei den Eskimos und den küstenbewohnenden Indianern Südamerikas Fischrogen. Die gleiche wirkstoffreiche Nahrung erhalten auch schwangere Frauen. In Afrika sahen wir, daß Mädchen schon vor der Heirat besonders sorgfältig ernährt werden. Bei manchen Stämmen gilt diese Regel auch für Männer.

In diesen Zusammenhang gehört auch der berichtete Austausch von Nahrungsmitteln. Wir hörten, daß in der Südsee die vom Meer abgeschnittenen Stämme den regelmäßigen Verzehr von Seetieren, Fischen und Muscheln für lebensnotwendig halten und diese Nahrungsmittel gegen pflanzliche Erzeugnisse tauschen. Für Inlandindianer Nordamerikas gilt ähnliches, und auch in West- und Äquatorialafrika kann man beobachten, daß in Gebieten mit überwiegender Pflanzenkost große Anstrengungen gemacht werden, um sie mit Fischen zu ergänzen. Manche Stämme ziehen dorfweise einmal oder zweimal im Jahr an die Küste, um einen großen Fischfang gemeinsam durchzuführen. In Gebieten, die vom Meer weiter entfernt sind und deren Flüsse ausgesprochen fischarm sind, wie das zum Beispiel für das Hinterland von Liberia und Französisch Guinea zutrifft, werden für geräucherte Fische so hohe Preise geboten, daß sich ihr Transport noch tief ins straßenlose Gebiet lohnt. Und es handelt sich hier nicht etwa um eine Genußfrage. Der Fisch wird hier oft geradezu als „Medizin" bezeichnet, besonders sinnvoll bei einer Bevölkerung, deren Kost an hochwertigem Eiweiß arm ist.

Auf seinen Reisen in Peru und in Bolivien hatte *Price* festgestellt, daß die Hochgebirgsbewohner sich regelmäßig Fischrogen und Tang von den Küstenbewohnern einhandelten. Auf die Frage, warum sie einen solchen Wert auf diese Nahrungsmittel legten, erhielt *Price* die Antwort, sie wollten keinen „dicken Hals" bekommen. Offenbar wird der Jodmangel in den Kordilleren auf diese Weise wirkungsvoll ausgeglichen.

Die Möglichkeit, das Wesen einer Kostform exakt zu erkennen, das heißt die wirksamen Bestandteile der einzelnen Nahrungsmittel festzustellen, verdanken wir den Fortschritten der physiologischen Chemie. Ohne die neuen und neuesten Hilfsmittel der wissenschaftlichen Forschung wäre es unmöglich, das Geheimnis der Gesundheit der Primitiven zu ergründen. Wir könnten wohl den Tatbestand feststellen, wie das in den vorhergehenden Kapiteln geschehen ist, aber die Antwort nach dem Warum bliebe aus. Und gerade diese Antwort ist wichtig, da es für den zivilisierten Menschen in seiner naturfremden Umwelt unmöglich ist, einfach zu den Nahrungsbräuchen der Primitiven zurückzukehren. Diese Antwort betrifft uns alle, geht es doch sowohl um die Gesundheit jedes einzelnen wie um die Gesundheit der Völker und den Aufstieg oder Verfall der kommenden Generationen.

Bevor wir uns den Ergebnissen der Laboratoriumsforschung zuwenden, muß allerdings vorausgeschickt werden, daß eine restlose Aufklärung, eine erschöpfende Antwort auf jene Frage nach dem

Warum nicht zu erwarten ist. Die Ernährungswissenschaft ist noch zu jung und die Vorgänge beim Aufbau und Abbau, bei der Erhaltung und dem Verfall der lebendigen Substanz sind so unendlich kompliziert, daß die Wissenschaft an vielen Stellen Fragezeichen stehen lassen muß.

Als Beispiel sei nur das Vitamin C genannt. Die Wirkung dieses Vitamins bei der Verhütung und der Heilung von Skorbut steht außer Zweifel. Ebenfalls ist wissenschaftlich erwiesen, daß das Vitamin C eine Rolle bei der Knochenbildung, bei der Wundheilung und bei der Abwehr von Infektionen und Gifteinwirkungen spielt. Aber wir besitzen weder eine wissenschaftlich begründete Erkenntnis über die optimale Menge, noch Klarheit über die vielfältigen Wechselwirkungen des Vitamins C mit anderen Zellbestandteilen im Organismus. Und gerade auf diese Wechselwirkungen kommt es entscheidend an. Auch wenn wir zahlenmäßige Beziehungen zwischen den einzelnen Nährstoffen herstellen können, so bleiben solche wissenschaftlich errechneten Mindestmengen doch fragwürdig, solange wir nicht genau wissen, welche Wirkstoffe zu ihrer optimalen Verwertung nötig sind. Denn es kommt ja bei der Ernährung weniger darauf an, welche Nährstoffe wir zu uns nehmen, als was wir von der verzehrten Nahrung verwerten können. Das beste Verhältnis des Vitamins B_1 zur aufgenommenen Kohlehydratmenge kann wenigstens annähernd bestimmt werden, aber darüber hinaus ist über die Wechselbeziehungen zwischen Nährstoffen und Wirkstoffen wenig bekannt.

Wenn wir uns das Bild der Gesundheit als ein Mosaik vorstellen, so bestehen zweifellos große Teile der Steinchen aus den Faktoren der aufgenommenen Nahrung. Und gerade diese Teile des Bildes weisen bei dem heutigen Stand der Wissenschaft noch große weiße Flächen auf. Es wird noch langer, geduldiger Forscherarbeit, einer Unzahl von Erfahrungen und Versuchen, vieler glücklicher Entdekkungen bedürfen, ehe sich diese Lücken zu einem vollständigen Bilde zusammenschließen. Manches wird vielleicht niemals ganz zu ergründen sein.

Daraus ergibt sich der unersetzliche Wert der Kenntnis der Kostformen der Primitiven. Dort, wo die Wissenschaft noch nicht Steinchen an Steinchen gefügt hat, lassen diese Erfahrungen von Jahrtausenden wenigstens die Konturen des Bildes erkennen. Sicherlich ist das, was sich in unübersehbaren Folgen von Generationen bewährte, beweiskräftiger als manches kurzfristige Experiment in unseren Laboratorien und Kliniken.

Beim Vergleich der verschiedenen Ernährungsweisen fällt zunächst auf, daß hinsichtlich des Kaloriengehalts zwischen Zivilisationskost und Primitivkost kein grundsätzlicher Unterschied besteht. Der tägliche Bedarf des Erwachsenen an Energie wird allgemein mit 2400 bis 3000 Kalorien angenommen. Er wird durch die Grundnährstoffe – Eiweiß, Fett, Kohlehydrate – gedeckt, für die man ein bestimmtes optimales Verhältnis für die Kulturländer festgestellt hat, etwa: 80 g Eiweiß, 70 g Fett und 400 g Kohlehydrate. In der vollwertigen Kost der Primitiven werden diese Mengen unterschritten oder überschritten, ohne daß solche Abweichungen allein den Gesundheitszustand wesentlich beeinflussen. Eine ausgesprochene Hungerkost scheidet natürlich in diesem Zusammenhang aus unserer Betrachtung aus.

Wendet man den Blick von den Energieträgern zu den Aufbaustoffen in der Nahrung, so sieht das Bild völlig anders aus. Denn die Nahrung der Primitiven ist an Mineralien und Wirkstoffen um ein vielfaches reicher als die übliche Zivilisationskost. Hier also liegt das eigentliche Geheimnis der Überlegenheit der altüberlieferten Kostformen.

In den Vereinigten Staaten sind umfangreiche Untersuchungen über den Mindestbedarf des erwachsenen Menschen an Mineralien durchgeführt worden. Die amtlichen Veröffentlichungen, auf den Forschungsergebnissen solcher Autoritäten, wie *Sherman*, fußend, geben als Tagesbedarf für Kalzium 0,68 g, für Phosphor 1,32 g und für Eisen 0,015 g an.[57]) und[69]) Diese Mindestwerte werden aber bei der in Amerika üblichen Ernährung vielfach gar nicht erreicht. *Price* hat die durchschnittliche Tageskost jener Patienten untersucht, die mit Zahnkaries und anderen Mangelerscheinungen zu ihm kamen. Sie enthielt im Durchschnitt nur 0,3 g bis 0,5 g Kalzium und nur 0,3 g bis 0,6 g Phosphor.

Was aber wird von den in der Nahrung enthaltenen Stoffen wirklich verwertet? Nach den Untersuchungen von *Price* ist es bereits optimistisch, wenn man annimmt, daß der Mensch seiner Nahrung die Hälfte der darin enthaltenen Mineralien entnehmen kann. Das würde bedeuten, daß die erwähnten wissenschaftlich errechneten

Mindestmengen verdoppelt werden müßten, um den Tagesbedarf wirklich zu decken. Will man noch einen Sicherheitsfaktor einschalten für Zeiten erhöhter Beanspruchung, seien das nun allgemein Krankheiten und Arbeitsüberlastung oder besondere Entwicklungsperioden, die Zeit raschen Wachstums bei Kindern, Schwangerschaft und Stillzeit bei Frauen, dann müßten die Mengen nochmals verdoppelt werden. Man kommt dann also auf das Vierfache des errechneten Mindestbedarfs.

Bei der chemischen Analyse der Nahrung der Primitiven ergibt sich nun die erstaunliche Tatsache, daß sie an Mineralien wenigstens das Vierfache der Menge enthält, die von der Ernährungswissenschaft als Mindestbedarf des erwachsenen Menschen errechnet ist. Bei Hausbauten oder Brückenbauten ist es in der modernen Welt selbstverständlich, einen Sicherheitsfaktor zu berücksichtigen, d. h. eine Tragfestigkeit weit über die normale Belastung hinaus zu verlangen. Aber es ist nicht üblich, diese Vorsorge bei der Ernährung anzuwenden, obgleich sie die physische Widerstandsfähigkeit und Leistungsfähigkeit des Menschen weitgehend bestimmt. Diese Sicherung der Gesundheit finden wir bei den Primitiven, sofern sie ihre Urnahrung beibehalten haben.

Das gleiche, was über die Mineralstoffe gesagt war, gilt auch für viele Wirkstoffe, besonders die Vitamine. Die Primitivkost ist um ein Vielfaches reicher an Wirkstoffen als die übliche Zivilisationsnahrung. *Price* hat in vielen Jahren Tausende von Nahrungsproben aus aller Welt untersucht. Die wichtigsten Ergebnisse fassen wir in der nebenstehenden Tabelle zusammen.

Aus unserer Übersicht ist klar zu erkennen, daß die vollwertige Nahrung, so verschieden sie in den Tropen und im Polargebiet, auf den Inseln und in den Hochgebirgen auch immer sein mag, ein gemeinsames Kennzeichen hat, das sie von der Zivilisationskost mit aller Deutlichkeit unterscheidet: den Reichtum an Mineralstoffen und Wirkstoffen.

Die Tragödie, in deren Mittelpunkt die Gesundheit des modernen Menschen steht, wird nun verständlicher. Der Hunger oder, besser gesagt, der Appetit des Menschen ruft nach Kalorien. Und der Gaumen verlangt nach Reizkost. Ein natürliches, instinktives Verlangen nach Mineralstoffen und Wirkstoffen gibt es in unserer Welt nicht. Seitdem es gelungen ist, die Mineralstoffe und Wirkstoffe unserer

Lebensmittel von den Energieträgern, den kalorienreichen Hauptnährstoffen – Fett, Eiweiß, Kohlehydrate – zu trennen und denaturiertes Mehl, Fett, Zucker usw. herzustellen, liegt es nahe, sich von diesen verfeinerten Stoffen zu ernähren, sich mit ihnen zu begnügen. Denn sie befriedigen durch ihren Geschmack und sie haben einen hohen Sättigungswert. Da die Ausfallerscheinungen schlei-

Mineralstoffgehalt der Primitivnahrung nach Price

	Kalzium	Phosphor	Eisen	Magnesium
Eskimos	5,4	5	1,5	7,9
Indianer des Hohen Nordens	5,8	5,8	2,7	4,3
Schweiz	3,7	2,2	3,1	2,5
Hebriden	2,1	2,3	1	1,3
Australien (Ostküste)	4,6	6,2	50,6	17
Maoris	6,2	6,9	58,3	23,4
Melanesier	5,7	6,4	22,4	26,4
Polynesier	5,6	7,2	18,6	28,5
Indianer an der Küste Perus	6,6	5,5	5,1	13,6
Indianer in den Anden Perus	5	5,5	29,3	13,3
Ostafrika (Viehzüchter)	7,5	8,5	16,6	19,1
Ostafrika (Ackerbauer)	3,5	4,1	16,6	5,4

Alle Zahlen der Tabelle beziehen sich auf den von der Wissenschaft errechneten Mindestbedarf des erwachsenen Menschen je Tag (0,68 g Kalzium, 1,32 g Phosphor, 0,015 g Eisen) und geben an, um wievielmal die Primitivkost im Durchschnitt an den betreffenden Mineralstoffen reicher ist. Der Gehalt der zwölf aufgeführten Kostformen an fettlöslichen Vitaminen war nach *Price* im Durchschnitt zehnmal höher als der einer als ausreichend geltenden Zivilisationsnahrung.

Der Gehalt an wasserlöslichen Vitaminen in der Primitivkost ist stark schwankend, bewegt sich aber ebenfalls auf einer Stufe, die weit über jener der üblichen Zivilisationskost liegt.

chende Leiden sind, die sich langsam entwickeln und nicht leicht auf ihre Ursachen zurückzuführen sind, können für sie mancherlei Sündenböcke verantwortlich gemacht werden, wenn es darum geht, die liebgewordenen Nahrungsgewohnheiten zu verteidigen.

Sogar die Medizin hat dieser Unterwertigkeit unserer Kost manchmal Vorschub geleistet; dann nämlich, wenn man in den Wirkstoffen nur Medikamente für gewisse akut gewordene Krankheiten sah, wenn man zum Beispiel meinte, daß jene Menge an Vitamin C, die vor den sichtbaren Zeichen des Skorbuts bewahrt, zur vollen Gesundheit genüge.

Ein weiteres allgemeines Kennzeichen aller vollwertigen Primitivkost ist ihre Ganzheit. Die einzelnen Nahrungsmittel werden nicht auseinandergerissen und eines Teils ihrer Stoffe beraubt. Auch Zubereitung und Konservierung sind fast stets schonender für die empfindlichen Bestandteile der Nahrung als die Behandlung der Lebensmittel in den Ländern der Zivilisation.

Wie wichtig diese Ganzheit der Nahrung für die erstaunliche Wirkung der Primitivkost ist, ergibt sich sowohl aus der einfachen Überlegung wie aus dem Experiment. Es ist bereits eine große Zahl von Faktoren bekannt, die eine vollwertige Nahrung enthalten muß. Aber es besteht kein Zweifel darüber, daß wir noch nicht alle für eine vollkommene Gesundheit notwendigen Stoffe kennen. Man muß sich in diesem Zusammenhang vom Denken in Quantitäten frei machen. Die Vorgänge im lebenden Organismus werden nicht in erster Linie von Quantitäten, sondern von Qualitäten beherrscht, das heißt, daß schon winzige Mengen eines Stoffes tiefgreifende Wirkungen – im Negativen wie im Positiven – haben können. Unwillkürlich wird man in diesem Zusammenhang an die Potenzen der Homöopathie erinnert. Seit wir sehr kleine Mengen eines Stoffes messen und seine Wirkung beobachten können, läßt sich indessen auch von den exakten Methoden der Chemie aus der Einfluß unvorstellbar kleiner Quantitäten verständlich machen. So ist experimentell erwiesen, daß die männliche Gamete einer Farnpflanze schon auf eine Konzentration von 0,001% Apfelsäure reagiert; ja in einem besonderen Fall reichte schon eine Menge von 0,000 000 028 Milligramm eines Stoffes, also 28 billionstel Gramm, für eine chemotaktische Wirkung im lebenden Organismus aus.

Nun zeigt alle Erfahrung, daß natürliche, das heißt in ihrem von der Natur gegebenen Zusammenhang belassene Nahrung eine große Zahl von Faktoren enthält, die in einer für jeden Organismus bedeutsamen Wechselwirkung stehen. Offenbar benutzt die Natur vielfach die gleichen Verbindungen beim Aufbau der Organismen, bei Pflanzen, Tieren und auch beim Menschen. Vertrauen wir uns daher der Führung der Natur an, lassen wir das, was sie uns zur Ernährung bietet, in ihrem Zusammenhang, so besteht selten

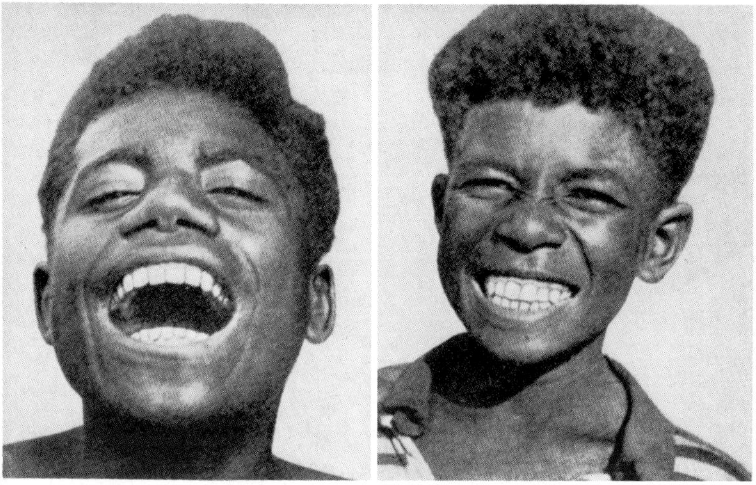

Zwei Melanesier von verschiedenen, weit voneinander entfernten Inseln. Die Ähnlichkeit voll entwickelter primitiver Menschen ist auffallend. In den zivilisierten Gebieten ist die einsetzende Verschiedenartigkeit vielfach auf verschiedenerlei Ernährungsmängel zurückzuführen.

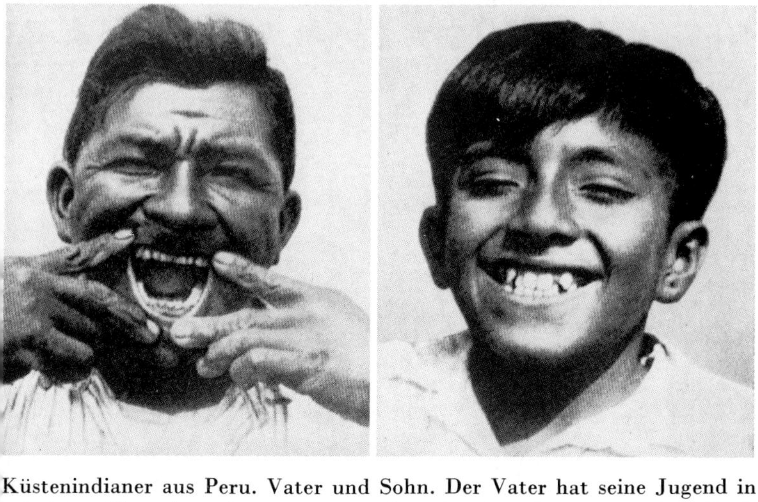

Küstenindianer aus Peru. Vater und Sohn. Der Vater hat seine Jugend in primitiver Umwelt verbracht und ist dann in einer Industriestadt seßhaft geworden. Er hat die denaturierte Nahrung bisher gut überstanden, aber der Sohn zeigt deutliche Degenerationsmerkmale, Gesichtsveränderungen und Gebißanomalien.

Steinzeitgrab bei La Barmaz (Wallis, Schweiz). Die Gräber weit zurückliegender Zeitalter zeigen, daß die Menschen von damals nicht unter der Drohung fortschreitender Degeneration standen. Skelett und Schädel zeigen keine der heute so verbreiteten Verfallserscheinungen.

die Gefahr, daß uns die zu voller Gesundheit nötigen Faktoren fehlen. Wird aber der natürliche Zusammenhang auseinandergerissen, dieses und jenes entfernt, anderes unwirksam gemacht, dann hilft auch keine „Anreicherung“ mit Vitaminen und Mineralstoffen, um die ursprüngliche Ganzheit wiederherzustellen. Denn weder kennen wir die genauen Zusammenhänge und Verhältnisse, noch besitzen wir eine genaue Kenntnis aller Stoffe und ihrer Wirkungen. Über einen neuen, bisher unbekannten, von *Price* festgestellten Wirkstoff X wird noch zu sprechen sein.

Wir wissen, daß das volle Weizenkorn und die Vollmilch eine Anzahl bekannter – und wahrscheinlich auch unbekannter – Stoffe enthalten, die gerade in dieser Verbindung und diesem Verhältnis nicht nur für den Aufbau des tierischen, sondern auch des menschlichen Organismus unentbehrlich sind. Andere Nahrungsmittel mit ähnlich vielseitigem Gehalt haben wir bei den primitiven Völkern kennengelernt. Es sei noch als Beispiel eine Fischart erwähnt, die auf den Philippinen eine Sicherung der Gesundheit bedeutet. Diese mit den Gräten verzehrten Fische sind eine wichtige Kalziumquelle. Ähnlich wie das bei der Milch der Fall ist, liefert diese Nahrung leicht nutzbaren Kalk, hochwertiges Eiweiß, Fett und fettlösliche Vitamine. Werden aber die Gräten dieses Fisches nicht mit verzehrt, so ist der biologische Wert dieses Nahrungsmittels genau so fragwürdig wie der des Korns bei Entfernung der Randschichten oder jener der Milch, wenn sie entrahmt, pasteurisiert, gekocht oder gar kondensiert worden ist.

Ausgedehnte Tierexperimente, vor allem amerikanischer und englischer Ärzte und Chemiker, haben bestätigt, daß die Anwendung der Erfahrungen der primitiven Völker einen hervorragenden Gesundheitszustand gewährleistet, also die Berücksichtigung der Ganzheit der Nahrung und eines wesentlich über dem „Normalen“ liegenden Gehalts an Mineralien und Wirkstoffen, einschließlich der bekannten Vitamine.

Sir *Richard McCarrison* schreibt über seine langjährigen Versuche mit Ratten: „Zweifelsfrei ist, daß keine synthetische Kost, die ich ersinnen konnte, die gesundheitserhaltenden Qualitäten frischer Nahrungsmittel, wie die Natur sie liefert, besitzt.“ [40])

Wie fragwürdig der „Normalbedarf“ an Mineralien und Wirkstoffen ist, also jene Menge, die ausreicht, um einen Organismus

„gesund“, d. h. nach herkömmlicher Auffassung frei von feststellbaren Schäden oder Leiden zu halten, haben zahlreiche Tierversuche eindeutig erwiesen. Der amerikanische Forscher *Sherman* hat bei Ratten, die durch Generationen in genau geregelten Umweltverhältnissen gehalten und beobachtet wurden, festgestellt, daß der „Normalbedarf“ an Vitamin C, an Vitamin A und an Kalzium wenigstens verdoppelt werden mußte, um eine vollkommene Gesundheit zu erreichen. Noch öfter aber mußte der „Normalbedarf“ verdreifacht und vervierfacht werden, und das unter günstigen Lebensbedingungen. Traten Belastungen irgendwelcher Art auf, so mußte der „Normalbedarf“ verdreifacht bis verzehnfacht werden, um den besten Stand der Gesundheit zu erhalten. [58]) u. [60])

King hat bei Ernährungsversuchen mit Schweinen Ähnliches über den Bedarf an Vitamin C nachgewiesen. Er erreichte die höchste Stufe der Gesundheit, wenn der Normalbedarf verdreifacht wurde. [35]) u. [36]) – Über den Bedarf an Riboflavin (Lactoflavin, B_2) liegen Versuche von *Campbell* und *Ellis* vor, die ebenfalls nachweisen, daß der „Normalbedarf“ zu einer vollen Gesundheit nicht ausreicht. Ein erhöhter Gehalt an Vitamin B_2 führte zu besserem Wohlbefinden, zu einer Verlängerung der mittleren Lebensspanne, also der Lebenszeit, die wir im menschlichen Bereich als die „besten Jahre“ bezeichnen würden. Ein weiteres eindeutiges Ergebnis dieser Versuche mit vervielfachtem Gehalt an Vitamin in der Nahrung war die vorzügliche Gesundheit und die erhöhte Vitalität der Nachkommenschaft. [60])

Es ist vielleicht nicht überflüssig, in diesem Zusammenhang die Frage der Überdosierung zu streifen. Man hat bei Kindern bei Überfütterung mit Vitamin A Vergiftungserscheinungen beobachtet. Auch bei einer Überdosierung von Vitamin D sind toxische Wirkungen bekannt. Immer aber handelt es sich beim Auftreten solcher Schädigungen um eine Verabfolgung von Medikamenten, also aus ihrem natürlichen Zusammenhang gerissenen Wirkstoffen. Weder beim Menschen noch in ausgedehnten Tierversuchen sind Gesundheitsschäden irgendwelcher Art bei einer an Wirkstoffen überreichen Nahrung aufgetreten. So ergibt sich auch von diesem Blickpunkt die Bedeutung der Ganzheit der Nahrung, des Belassens der Lebensmittel in dem ihnen von der Natur gegebenen biologischen Gleichgewicht.

Die Jedermannskrankheit

Der Gebißverfall ist heute in den Ländern der Zivilisation so allgemein, daß man von diesem Krankheitsgeschehen mit mehr Berechtigung als von jeder anderen Seuche als von einer Jedermannskrankheit sprechen darf. Die Zahnkaries, die als ein brescheschlagender Vortrupp an der Spitze marschiert, ist fast allgegenwärtig, so daß sie von uns kaum noch als Krankheit empfunden wird. Sie wird zur gewohnten Begleiterin des Lebens, ein Schatten, den die Zivilisation eben wirft.

Ärzte und Zahnärzte freilich, die die möglichen Auswirkungen des Gebißverfalls kennen, vermögen die Ausbreitung dieser Seuche nicht mit der gleichen passiven Gelassenheit zu betrachten. „Sind die Zähne geflickt, so lauern noch von den kranken Wurzeln aus sekundäre Herdinfektionen im Körper und können zu Rheuma, allgemeiner Sepsis, Nieren-, Leber-, Magen-, Darm- und Augenkrankheiten führen" *(McCarrison)*. Auch die Wirkungen auf das Herz sind allzu bekannt. Betrachtet man schließlich die Zahnkaries nicht als lokales Geschehen, sondern als Symptom, wie das hier versucht wurde, so wirkt ihr seuchenhaftes Auftreten noch alarmierender.

So ist es selbstverständlich, daß sich die Zahnheilkunde seit Jahrzehnten um die Lösung dieses Problems bemüht. In Instituten und Kliniken, in Laboratorien und in der Praxis werden Erfahrungen gesammelt, Untersuchungen durchgeführt, Theorien entwickelt. Kommissionen treten zusammen, Tagungen beschäftigen sich mit den neuesten Erkenntnissen. Die Forschungskommission der American Dental Association hat dem Thema einen 276 Seiten starken Bericht gewidmet, Ergebnis der Erfahrungen und der Folgerungen von 237 bedeutenden Kapazitäten.

Unwillkürlich drängt sich der Vergleich mit einem schwierigen Kriminalfall auf, wenn internationale Experten aus fragwürdigen Indizien verschiedene Theorien über den mutmaßlichen Täter entwickeln. Der Verdacht richtet sich auf diesen und jenen. Aber ist der wirkliche Täter gefaßt, wenn das alarmierende Geschehen weitergeht?

Ein Vergleich, auch wenn er natürlich niemals ganz zutreffend ist, kann doch manchmal eine Situation klären oder sie deutlich vor Augen stellen. Darum sei es erlaubt, im Bilde des Kriminalfalls zu bleiben und einen Vorfall aus Westafrika zu berichten.

In einem Bezirk, in dem seit Jahrzehnten keine Kapitalverbrechen vorgekommen waren, versetzte eine Mordserie die Eingeborenen in Schrecken. Ein großes Aufgebot von Untersuchungsbeamten überführte nach langen Bemühungen einen Mann des Mordes, der auch gestand. Aber Nacht für Nacht ereigneten sich weitere Mordtaten. Und obschon die von weither herbeigerufenen Experten einige weitere Schuldige unschädlich machen konnten, breitete sich die Welle der Schreckenstaten weiter aus. Schließlich erwies es sich, daß es „den" Täter gar nicht gab, daß hinter dem Geschehen die geheime Leopardengesellschaft stand, die die Bevölkerung in eine Psychose versetzt hatte, so daß bis dahin unbescholtene Leute zu Mördern wurden.

Bei der Erfolglosigkeit des großen Aufwandes, den „Täter" der Zahnkaries zu finden, muß man sich fragen, ob es vielleicht auch hier gar keinen Täter gibt. Ob es vielleicht auch hier nur von fragwürdigem Interesse ist, nach „der" Ursache zu suchen? Ob vielleicht auch hier ein krankhafter Zustand allgemeiner Desorganisation sonst unschädliche Faktoren zu Tätern werden läßt?

An Theorien über die Entstehung und Ausbreitung der Zahnkaries ist kein Mangel. Es gibt die parasitäre und die chemische Theorie, die Korrosionstheorie, die organotropische Theorie, die Säuretheorie und viele andere. Und hier und da ist es in der Tat gelungen, einen „Schuldigen" zu überführen. Aber der Siegeszug der Zahnkaries ist dadurch nicht aufgehalten worden.

Man hat den Leitsatz verkündet „reiner Zahn – gesunder Zahn" und hat gefordert, Zahnpflegestuben schon im Kindergarten einzurichten. So sehr solche Bestrebungen förderungswürdig sein mögen, so muß man sich doch dabei klar sein, daß sie das Kariesproblem nicht berühren. Manche Primitivstämme mit vollgesundem Gebiß, wie die Eskimos, betreiben keinerlei Zahnpflege. Auch wenn man gern zugibt, daß veränderte Umweltverhältnisse neue Maßnahmen erfordern, so läßt sich nirgends der Anstieg des Zahnverfalls mit dem Nachlassen der Zahnpflege in Verbindung bringen. Die Gefahr solcher Maßnahmen besteht im Ausweichen vor dem eigentlichen Problem auf Nebensächlichkeiten. Nicht viel anders verhält es sich, wenn man den Fluormangel als Schuldigen verurteilt. Da das sprunghafte Ansteigen der Karies nirgends mit einem Absinken des Fluorgehalts in der Nahrung oder im Wasser zusammenfällt, so kann hier kein ursächlicher Zusammenhang bestehen. Auch wenn die begonnenen Großversuche, dem Wasser Fluor zuzusetzen oder Schulkindern Fluor durch Tabletten und Pillen zuzuführen, Pinselung der Zähne oder Aufstreichen einer Fluorlösung auf das Brot zu Teilerfolgen führen sollten, und keine gesundheitlichen Schäden durch die Giftwirkung des Fluors eintreten, so wäre damit das eigentliche Problem mehr verschleiert und verdeckt als gelöst. Bei einem tatsächlich vorhandenen Fluormangel der Zähne liegt der Gedanke nahe, daß er nicht auf einen Mangel an Fluor im Wasser oder in der Nahrung zurückgeht, sondern durch die Unfähigkeit des Organismus, die notwendige Menge aufzunehmen, bedingt ist. So wäre die wirklich klärende Frage die Frage nach dem Warum der mangelhaften Aufnahmefähigkeit.

Es gibt noch mehr Angeklagte in dem großen Prozeß, der wegen der Zahnkaries geführt wird, und mancher von ihnen wird mit vollem Recht verurteilt. Es seien nur die industriellen Fruchtsäfte genannt, die nach exakten amerikanischen Versuchen sowohl Schmelz wie Dentin angreifen. *C. D. Miller* berichtet von Versuchen mit Ratten, die solche Schädigungen bei regelmäßiger Verabfolgung dieser Getränke erweisen, und von menschlichen Zähnen, die, in solche Getränke eingelegt, innerhalb von 14 Tagen krankhafte Veränderungen zeigen.

Aber ähnlich wie bei unserem Vergleich bringt die Entlarvung einzelner Übeltäter das erschreckende Geschehen nicht zum Stillstand. So notwendig solche Versuche auch sind, um das Randgebiet zu erforschen, in den Kern des Problems führen sie nicht hinein. Und so ist auch von dieser Seite keine Lösung zu erwarten.

Welches Urteil gewinnt man auf Grund der von *Price* in aller Welt gesammelten Erfahrungen? Man wird sich zwar hüten, eine falsche Ernährung als „Ursache" der Zahnkaries zu bezeichnen, aber der engste Zusammenhang zwischen Ernährung und Karies ist nicht mehr zu leugnen. Bei der wissenschaftlichen Diskussion über das

Kariesproblem hat man bedauert, daß die zur Lösung notwendigen Experimente am Menschen nicht durchführbar sind. Aber tatsächlich finden diese Experimente wieder und wieder in der Grenzzone zwischen Zivilisation und Primitivität statt. Und diese Experimente werden dort in einer so einfachen Umwelt durchgeführt, daß die mitwirkenden Einflüsse unschwer zu kontrollieren sind und die Ergebnisse daher als eindeutig gelten dürfen.

Ähnliche Beobachtungen, wie *Price* sie in den Randzonen der primitiven Welt gemacht hat, liegen auch aus den Kulturländern vor. Man hat sie vielfach nicht als Beweise gelten lassen wollen, weil in den komplizierten Lebensverhältnissen der Zivilisation Faktoren mitspielen können, die nicht ohne weiteres festzustellen oder in ihrer Bedeutung zu bestimmen sind. Aber im Licht der *Price*schen Erfahrungen gewinnen auch diese europäischen Statistiken an Überzeugungskraft.

Es ist hier nicht der Ort, auf Einzelheiten einzugehen, aber in unseren Zusammenhang gehört ein Blick auf eine Entwicklung, die umgekehrt wie jene bei den Primitiven verläuft. Wir hatten gesehen, wie eine Ernährungsumstellung, der Wechsel von der Primitivkost zur Zivilisationsnahrung, zur Entfesselung der zerstörenden Kräfte der Zahnkaries führt. In beiden Weltkriegen waren die europäischen Völker zu einer Nahrungsumstellung gezwungen, die Nahrung wurde primitiver, und dieser Wechsel brachte einen starken, manchmal sprunghaften Rückgang der Karies. Für beide Weltkriege hat *Sognnaes* die statistischen Zahlen von 11 europäischen Ländern zusammengetragen. Die Kurve zeigt einen in den ersten Kriegsjahren 1914–1916 langsam beginnenden, dann stärker werdenden und schließlich 1923 kulminierenden Kariesrückgang. Diese Entwicklung war im zweiten Weltkrieg noch ausgeprägter, die Kurve noch steiler.

In England waren nach *Mellanby* [47]) 1929 nur 4,7% der untersuchten Kinder frei von Karies, aber 1943 waren es 22,4% und 1945 gar 26,5%. Die Berichte von *Alexander* und *Toverud* aus Norwegen zeigen, daß dort vor dem Kriege 34% der Zähne einer großen Zahl untersuchter Schulkinder kariös waren, 1945/47 dagegen nur 12% bis 14%. Ein ähnlicher Rückgang wurde in Frankreich seit dem Herbst 1942 beobachtet. Auch in der Schweiz und in Schweden ging die Karies in den Kriegsjahren zurück, wenn auch nicht im gleichen

Ausmaß wie in den kriegführenden Ländern, also parallel der zwar primitiver gewordenen, aber doch noch üppigeren Ernährung. [74])

Interessant sind die sehr exakten Feststellungen von *Pazurek* in einem Berliner Bezirk. Dort wurden die Siebenjährigen einmal im Jahr untersucht. Der Anstieg der Zahnkaries vom Tiefpunkt der Kriegsjahrgänge bis zu den Untersuchungsergebnissen von 1954 ist vielsagend. [52]) und [53])

Von den im Jahr 1943 geborenen Kindern erwiesen sich beim Schuleintritt 49,5% als kariesfrei. Beim Jahrgang 1944 noch 42,8%. Dann beim Jahrgang 1945 – diese Kinder wurden 1952 untersucht – ein sprunghafter Anstieg der Zahnkaries: es waren nur noch 24,3% kariesfrei. Jahrgang 1946 nur 17,1%, Jahrgang 1947 – 1954 untersucht – nur noch 10,9%, also hatten bereits fast 90% der Kinder Zahnkaries.

In der wissenschaftlichen Literatur findet sich auch von autoritativer Seite die Ansicht vertreten, daß der Rückgang der Karies in den Kriegsjahren nicht auf die Änderung der Ernährung, sondern auf die Rachitisprophylaxe mit Vitamin D zurückzuführen sei. Nun sprechen aber die mit Vitamin-D-Gaben erzielten Teilerfolge nicht gegen die Bedeutung der Nahrung. Denn man ersetzt schließlich mit dem als Medikament gegebenen Vitamin nur einen Wirkstoff, der durch die Verfeinerung der Nahrungsmittel aus diesen künstlich entfernt wurde.

Da andere Versuche, die Zahnkaries mit Vitamin D zu bekämpfen, keine Erfolge zeigten, scheint dieses Vitamin nur unter ganz bestimmten Voraussetzungen eine immer noch beschränkt bleibende Wirkung zu erzielen. – Im Hinblick auf die nur vereinzelte Abgabe scheidet aber das Vitamin D als Ursache des starken Kariesrückgangs in den Kriegsjahren ganz aus. Ein so allgemeiner Vorgang kann nur allgemeine Ursachen haben. So ungern man auch der Kriegsernährung etwas Gutes nachsagt, in diesem Punkt wird man es nicht umgehen können. Vollkornbrot, Pellkartoffeln und der stark eingeschränkte Verbrauch von Zucker und anderen denaturierten Lebensmitteln haben, um nur einige Faktoren zu nennen, das gleiche in umgekehrter Richtung erreicht, was wir bei den Primitiven beim Übergang von der primitiven Nahrung zu den denaturierten Lebensmitteln des Wohlstands beobachtet haben.

Übersicht über den Prozentsatz der von Karies angegriffenen Zähne bei Bevölkerungsgruppen mit Primitivkost und mit Zivilisationskost. Nach Price.

	In Gebieten mit Primitivkost	In Gebieten mit Zivilisationskost
Schweiz	4,6	29,8
Hebriden	1,2	30
Eskimos	0,09	13
Indianer im Hohen Norden	0,16	21,5
Seminolen-Indianer	4	40
Melanesier	0,38	29
Polynesier	0,32	21,9
Afrikanische Stämme	0,2	6,8
Ureinwohner Australiens	0	70,9
Maoris	0,01	55,3
Malaien	0,09	20,6
Indianer an der Küste von Peru	0,04	40
Indianer auf den Hohen Anden	0	40
Indianer im Amazonas-Dschungel	0	40

Überblickt man alles bisher Dargelegte, denkt man an alle Zeugenaussagen im Kariesprozeß, so wird man den Sachverständigen gerne zugeben, daß ein Zusammenhang zwischen Karies und Fluor, zwischen Karies und Vitamin D und C, zwischen Karies und Kalk wie auch Phosphor besteht. Man wird auch zugeben, daß sich diese Liste verlängern läßt. Aber das Urteil wird doch zwangsweise lauten, daß nicht ein Täter, nicht ein schädigender oder fehlender Faktor die entscheidende Rolle spielt, sondern ein Zustand verminderter Gesundheit dem Krankheitsgeschehen die Bahn freigibt. Und dieser Zustand einer verminderten Gesundheit entsteht unausweichlich bei einer Kost, die dem Körper wichtige Stoffe vorenthält, die er zum Aufbau und zur Funktion braucht.

Bei den primitiven Völkern mit vollkommener Gesundheit sind die Zähne praktisch kariesfrei. In diesem Zustand sind Schmelz und Dentin offensichtlich unangreifbar. Der Übergang auf denaturierte Kost bringt den Stoffwechsel aus seinem natürlichen Gleichgewicht, notwendige Stoffe fehlen, andere können nicht mehr ausgenutzt werden, und schließlich belastet auch ein Zuviel anderer Bestandteile der willkürlich zusammengesetzten Nahrung den Organismus. Hier findet also der Übergang von der vollkommenen Gesundheit zur Scheingesundheit statt, nun sind die Tore für die Zivilisationskrankheiten geöffnet, und an erster Stelle zieht zumeist die Zahnkaries ein. Mit dieser Desorganisation des Organismus durch eine nicht mehr vollwertige Kost ändert sich auch die Zusammensetzung des Speichels, und nun erfolgt der Angriff auf das Gebiß von beiden Seiten, von innen und von außen.

Es ist selbstverständlich, daß man bei dieser Entwicklung weder den Erbfaktor noch die in der vorgeburtlichen Entwicklung erworbene Konstitution der Zähne übersehen darf, aber gerade die Erfahrungen bei Primitiven zeigen, daß auch die beste Konstitution den Wirkungen einer denaturierten Nahrung auf die Dauer nicht gewachsen ist. Auch die Zähne sind lebendige Organe, die am Stoffwechsel teilhaben, und sie bleiben nicht unbeteiligt, wenn das Gleichgewicht im ganzen Organismus gestört ist. Im Gegenteil, sie zeigen solche Störungen in der Regel am frühesten und am sichtbarsten an. Verfechter der Theorie, daß die Zahnkaries nur eine örtliche und von der Ernährung unbeeinflußbare Erkrankung sei, haben den Mineralstoffwechsel des Zahngewebes bagatellisiert und eine aktive Lebenstätigkeit des Zahnschmelzes bestritten. Seitdem wir durch radioaktive Isotope die Wanderung der Stoffe im Körper verfolgen können, ist diese Ansicht nicht mehr haltbar. Langfristige Versuche mit Hunden, Katzen und Ratten haben erwiesen, daß ein ständiger Austausch zwischen dem Zahngewebe und der Gewebsflüssigkeit erfolgt, und zwar sind nicht nur Zement, Kronen- und Wurzeldentin, sondern auch der Zahnschmelz daran beteiligt. Der Austausch von Mineralien erfolgt beim Schmelz vorwiegend, wenn auch nicht ausschließlich, mit dem Speichel. Das ist für Phosphor und Kalzium eindeutig nachgewiesen. [24])

Wir haben gesehen, wie die Gesundheit bestimmter primitiver Völker durch Sicherheitsfaktoren in der Nahrung, vor allem ein Mehr an Mineralstoffen und fettlöslichen Wirkstoffen über dem „Normalen", gesichert ist. Die nächstliegende praktische Frage ist die, ob es möglich ist, durch Verbesserung unserer Kost den Stoffwechsel des gesamten Organismus wieder in die Lage zu versetzen, Schäden auszugleichen und eine aktive Karies zum Stillstand zu bringen. Das ist tatsächlich der Fall, wie die Erfolge von *Price* in seiner Praxis zeigen.

Price berichtet unter anderem von einer Gruppe von 17 jungen Patienten, die er drei Jahre lang behandelt hat. Es handelt sich um

Jugendliche zwischen 12 und 20, die alle eine ausgebreitete, offensichtlich aktiv fortschreitende Karies aufwiesen. Da sich alle schon wiederholt in zahnärztlicher Behandlung befunden hatten und zahlreiche Füllungen kariöser Zähne aufwiesen, mußten die unbehandelten 237 offenen Höhlen im Laufe des letzten Jahres vor der Aufnahme der Behandlung durch *Price* entstanden sein. *Price* verordnet sofort eine zusätzliche vollwertige Kost und erreicht praktisch den Stillstand der Karies, es bilden sich in den nächsten Jahren nur noch 2 neue Höhlen.

Bemerkenswert bei diesen Versuchen ist die rasche Wirkung der Koständerung. Eine junge Patientin aus der erwähnten Gruppe erhielt die mit Vitaminen und Mineralien angereicherte Zukost von Oktober bis Juni, und in dieser Zeit bildeten sich keine neuen Schäden. Als sie dann aber zu ihrer früheren gewohnten Ernährung zurückkehrte, ging der Kariesprozeß weiter, und *Price* mußte im Mai des folgenden Jahres 10 neu entstandene Höhlen feststellen.

Ein anderes Mädchen wurde von Dezember bis Juni von *Price* behandelt, d. h. die Patientin erhielt die von *Price* verordnete Kost. Das Mädchen kam mit einer stark aktiven Karies zur Behandlung, die noch vorhandenen Milchzähne waren zu bloßen Schalen reduziert und die bleibenden Backenzähne fast alle bis zur Pulpa bloßgelegt. Die veränderte Kost führte in dem genannten Zeitraum zum völligen Stillstand der Karies. Die Patientin glaubte nun, die angereicherte Zusatzkost wieder entbehren zu können, und nahm auf Rat eines Arztes als Verhütungsmittel gegen weitere Zahnschäden Viosterol. 16 Monate später kehrte sie mit 14 neuen Höhlen in die Behandlung von *Price* zurück, der den Zahnverfall innerhalb von 8 Monaten durch die Anwendung seiner Heildiät erneut zum Stillstand brachte.

Price hat immer wieder die Kost seiner Patienten untersucht und bei starkem Kariesbefall fast stets ein starkes Defizit an Mineralstoffen und Vitaminen festgestellt. Die von ihm verordnete Kost besteht daher in einer drastischen Kürzung des Anteils von Zucker und Stärke, im Übergang zum Genuß von Vollkornbrot, möglichst aus frisch gemahlenem Getreide, Milch, Fischen und anderen Seetieren, und zwar insbesondere ihrer inneren Organe. Zu dieser Grundnahrung verordnete *Price* eine von ihm als besonders wirkungsvoll erprobte Mischung einer vitaminreichen Butter mit Lebertran. Er schreibt selbst darüber:

„Eine Butter mit besonders hohem Vitamingehalt wird geschmolzen und dann für 24 Stunden einer Temperatur von 22 Grad C ausgesetzt, anschließend zentrifugiert. Man erhält ein Öl, das bei Zimmertemperatur flüssig bleibt. Dieses Butteröl, mit vitaminreichem Lebertran zu gleichen Teilen gemischt, ist wirkungsvoller als jeder Bestandteil allein."

Mit diesem Butteröl soll weder ein neues Wundermittel angepriesen noch „das" Heilmittel gegen Zahnkaries angeboten werden. Aber die klinischen Erfahrungen und Versuche mit Tieren zeigen, daß sich hier offensichtlich jene Stoffe in konzentrierter Form befinden, die dem durch eine Mangelnahrung geschwächten Körper fehlen. Vor allem handelt es sich um Wirkstoffe, die dem Organismus die Verwertung der in der Nahrung enthaltenen Mineralien, in erster Linie Kalzium und Phosphor, ermöglichen.

Price führt die Wirkung hauptsächlich auf einen Wirkstoff zurück, den er als erster in der Butter festgestellt hat und unter der Bezeichnung Wirkstoff X einführte.

Price hat sich jahrelang monatlich Proben von Butter aus aller Welt schicken lassen und mehr als 20 000 dieser Proben chemisch analysiert. Über die Ergebnisse dieser Untersuchungen wird in anderem Zusammenhang mehr zu sagen sein, hier soll nur kurz erwähnt werden, daß der Vitamingehalt der Butter starken Schwankungen unterliegt. Im Rahmen seiner Diät verwendet *Price* nur biologisch hochwertige Butter.

Aus dem sehr umfangreichen klinischen Material von *Price* sei ein Fall herausgegriffen, der die Wirkung geänderter Nahrung eindrucksvoll zeigt. In einer Zeit wirtschaftlicher Depression wählte eine karitative Organisation in Cleveland aus bedürftigen Familien 27 Kinder aus, deren Gebisse durch Karies schwer geschädigt waren. Sie wurden der Behandlung von *Price* unterstellt und erhielten in einem Kinderheim unter ständiger ärztlicher Überwachung eine zusätzliche Mahlzeit. Die häusliche Kost dieser Kinder bestand in der Hauptsache aus stark gesüßtem Kaffee, Weißbrot, Pflanzenfett, Pfannkuchen aus weißem Mehl, die mit Sirup gegessen wurden, und in Pflanzenfett gebackenen Krapfen. – Die zusätzliche Kost im Kinderheim setzte sich wie folgt zusammen: 1. Etwa 125 g Tomaten-

oder Orangensaft, ein Teelöffel voll des erwähnten Öls aus Butter und Lebertran. 2. Ein Eintopf aus Gemüse und Fleisch, wobei besonders gelbe Mohrrüben und Knochenmark bevorzugt wurden. Das kleingeschnittene Fleisch wurde zuerst angebraten, um ein Ausfließen des Fleischsaftes zu verhüten. 3. Nur wenig gesüßtes, gekochtes Obst, dazu Vollkornbrötchen aus täglich frisch gemahlenem Weizen, mit vitaminreicher Butter bestrichen. Schließlich ein Glas frischer Vollmilch. – Der Hauptgang, der Eintopf, wurde oft gewechselt und das Fleisch durch Fisch oder die inneren Organe von Ochs, Kalb und Schwein ersetzt.

Der Gehalt dieser Zusatzkost wurde regelmäßig überprüft. Im Durchschnitt enthielt ein halber Liter des Eintopfs 1,48 g Kalzium und 1,28 g Phosphor. Da den Kindern immer ein halber Liter aufgelegt wurde, sie aber oft ein zweites Mal zulangten, enthielt diese Kost jenen Sicherheitsfaktor, jenes Mehr, das die Kost der Primitiven auszeichnet.

Der Erfolg dieser Ernährung war eindeutig. Die Zahnkaries kam nicht nur zum Stillstand, es setzte auch eine Regeneration ein. In den Röntgenbildern ist zu erkennen, wie sich in den die Pulpa bloßlegenden Höhlen sekundäres Dentin gebildet und die Pulpa gewissermaßen überdacht hat. Unter der Einwirkung des im Laufe des Ernährungsversuchs immer gesunder werdenden Speichels – er wurde laufend chemisch untersucht – wurde einerseits das Bakterienwachstum verhindert, andererseits das sekundär gebildete Dentin so fest, daß es beim Kratzen mit einem Stahlstift wie sehr hartes Holz wirkte und teilweise sogar mit einer glasähnlichen Schicht überzogen war. Es war der gleiche Vorgang, den *Price* bei den Primitiven beobachtet hatte, wenn, wie zum Beispiel bei den Eskimos, die Zahnkronen stark abgeschliffen waren, aber sich dank der Bildung von sekundärem Dentin niemals offene Pulpakammern fanden.

Ein besonders drastischer Fall war der einer Patientin von 14 Jahren. Sie hatte ihre vier ersten bleibenden Backenzähne verloren, und der Zustand des ganzen Gebisses war derart, daß der behandelnde Dentist die Entfernung aller Zähne und die Anfertigung eines künstlichen Gebisses für unerläßlich hielt. Abgesehen von den Füllungen, wiesen die 24 Zähne des Mädchens 42 offene Höhlen auf, als es zu *Price* in die Behandlung kam. Die Röntgenaufnahmen vor der Behandlung und ein Jahr danach zeigen einen verblüffenden Gegensatz. Abgesehen von den vier bereits früher entfernten Backenzähnen sind alle Zähne erhalten und durch neugebildetes sekundäres Dentin wiederhergestellt. Die Behandlung durch *Price* und seinen Assistenten *Spayde* bestand in der Füllung von drei Zähnen und in der Durchführung der schon erwähnten Diät. Das gemischte Butter-Lebertranöl wurde dreimal täglich in Kapseln verabfolgt, jeweils ein halber Teelöffel. *Price* schreibt zu diesem Fall: „Die Zähne waren einwandfrei wiederhergestellt und besaßen eine kaufähige Oberfläche." Er weist eindringlich auf die völlige Veränderung des Speichels durch die Nahrungsumstellung hin. Sowohl die chemische Analyse wie die bakterielle Untersuchung ergaben gegensätzliche Werte zum Befund vor der Behandlung. (Phosphor: + 19,1 zu – 29,5; Lactobazillus acidophilus 680 000 zu 0.)

Price hat 2800 Speichelanalysen durchgeführt und immer wieder bestätigt gefunden, daß eine vollwertige Kost Voraussetzung eines gesunden Speichels ist und ein gesunder Speichel Voraussetzung für gesunde Zähne. Die negative Veränderung des Speichels war ebenso bei den Primitiven beim Übergang von der Eingeborenenkost auf denaturierte Lebensmittel festzustellen, wie eine allmähliche Gesundung des Speichels zu beobachten war, wenn Patienten die von *Price* verordnete Kostform durchführten.

Aber es soll nicht auf fachliche Einzelheiten eingegangen werden, sie sind Aufgabe und Anliegen der Zahnärzte und der Zahnheilkunde. In dem größeren Zusammenhang, in dem die Zahnkaries hier gezeigt wird, ist diese Jedermannskrankheit nur Teil und häufig erstes Anzeichen einer allgemeinen Störung des Stoffwechsels mit starker Tendenz zur Degeneration. Um so größer ist allerdings die Verantwortung des Zahnarztes und um so notwendiger seine Unterstützung durch die Öffentlichkeit. Wenn man der Statistik entnimmt, daß im Bundesgebiet jährlich 10 Millionen Wurzelbehandlungen nötig sind, wenn man die Berichte der Schulzahnärzte liest – in Eßlingen hatten beim Schuljahrgang 1953/54 von 1605 Kindern nur 3,1% ein naturgesundes Gebiß, in Ulm waren von 700 untersuchten Kindern im Alter zwischen 4 und 6 Jahren 78% zahnkrank –, so dürften solche Alarmzeichen nicht tatenlos übersehen werden. Es geht nicht nur um die Zähne. Der Zahnarzt steht in dem großen Kampf gegen die anschwellenden Zivilisationskrankheiten der heutigen Menschheit an der strategisch bedeutendsten Stelle. Die Störungen im Stoffwechsel des Menschen, die zur Degeneration führen, treten oft zuerst und fast immer am sichtbarsten an den Zähnen auf. So ist der Zahnarzt in die Lage versetzt, eine degenerative Entwicklung frühzeitig zu bemerken, zu beobachten, zu überwachen und die Wirkung der Ernährung zu überprüfen. Damit ist seiner Arbeit eine neue, schwerwiegende Bedeutung zugefallen.

Die von der Zahnärzteschaft angestrebte Frühbehandlung ist höchst wichtig, um die Zähne möglichst lange zu erhalten und die unabsehbaren Folgen anderer Krankheiten und Leiden einzudämmen, die sich aus kranken Zähnen ergeben. Doch darf man sich nicht einbilden, daß Frühbehandlung eine Vorbeugung ist. Der Vorbeugung aber fällt die entscheidende Bedeutung zu.

Eine echte und wirkungsvolle Vorbeugung der Zahnkaries kann nur über die Ernährung erfolgen. Das haben sowohl die Beobachtungen und Erfahrungen von *Price* wie die Tierversuche von *J. D. Boyd, T. F. Zucker, W. M. Cox* und anderen Forschern erwiesen. Einen unmittelbaren Einfluß auf die Ernährung besitzt aber weder der Zahnarzt noch der Arzt. So bleibt die wichtigste Aufgabe die Aufklärung. Jeder sollte wissen, daß der Zahnverfall ein Alarmzeichen ist, eine Warnung, daß der Stoffwechsel gestört und die Gesundheit im ganzen bedroht ist.

Die Flammenschrift an der Wand

Eine alte Sage erzählt von einer allen sichtbar werdenden, aber geheimnisvoll bleibenden Flammenschrift, die eine drohende Katastrophe anzuzeigen scheint. In einem bekannten Gedicht heißt es darüber: „Die Magier kamen, doch keiner verstand, zu deuten die Flammenschrift an der Wand."

Heute mehren sich die flammenden Krankheitszeichen am Himmel der zivilisierten Menschheit. Die Sachverständigen kommen, aber wer von ihnen deutet die beunruhigenden Erscheinungen richtig? Die einen Experten lesen in ihnen eine der Menschheit und jedem einzelnen drohende Gefahr, anderen sind es sogar Anzeichen des Fortschritts, Bestätigungen dafür, wie weit wir es gebracht haben.

Die Krankheitserscheinungen selbst sind nicht zu leugnen. Es waren bereits einige Zahlen aus der Statistik der Vereinigten Staaten genannt, die auf *Price* wie ein Alarmsignal wirkten und ihn hinaus auf die Suche nach heilender Erkenntnis trieben. In New York, einer Stadt mit vorbildlichen hygienischen Einrichtungen, sind täglich 700 000 Menschen krank. Im Jahr 1952 gab man zur Heilung von 8 Millionen Rheumakranken in den Vereinigten Staaten 900 Millionen Dollar aus, ohne daß sich die Anzahl dieser Kranken verringerte. Diese Zahlen lassen sich bis zum Überdruß fortsetzen. Und wenn die Statistik einmal irgendwo den Rückgang einer Krankheit meldet, dann ist eine andere um so mehr angestiegen, als hätte man eine zu kurz gewordene Decke nur verschoben.

In Westeuropa sieht es nicht viel anders aus. Wo zuverlässige Statistiken vorliegen, reden sie die gleiche Sprache. Herzleiden, Nervenleiden, Leber-, Magen- und Darmkrankheiten scheinen zu immer höheren Rekordzahlen zu streben, die Zahl der schweren Fälle von Asthma, Migräne, Rheumatismus wächst weiter, die vegetativen Dystonien, dieses Durcheinander des vegetativen Nervensystems mit all seinen Folgeerscheinungen, gedeiht in unserer zivilisierten Umwelt aufs beste. Dementsprechend steigen die privaten und öffentlichen Ausgaben für Krankenhaus, Arzneien, Heilkuren in schwindelnde Höhen, und wo vor 25 Jahren ein Arzt ausreichte, sind heute drei oder vier rastlos tätig. Diese ganze Entwicklung wird von manchen Experten als das Ergebnis der Fortschritte der Medizin und der verbesserten Krankenfürsorge erklärt.

Und in der Tat lassen sich für diese Deutung mancherlei Gründe anführen. Wenn die durchschnittliche Lebensdauer des Menschen steigt, so werden sich ausgesprochene Alterskrankheiten stärker ausbreiten. Wenn die Säuglingssterblichkeit sinkt, werden konstitutionell schwächere Kinder am Leben bleiben und später vielleicht zu den chronisch Kranken gehören. Wenn sich Epidemien nicht mehr verheerend auswirken können, und auf diese Weise keine Ausmerzung kränklicher Menschen erfolgt, so werden gerade diese das Gesamtbild der Gesundheit verschlechtern. Und schließlich führt man zur Stützung dieser Ansicht auch jene Fälle an, in denen ein dem Tode Verfallener durch die verbesserten Mittel, Methoden und Erkenntnisse der Medizin zwar gerettet wird, aber sein weiteres Leben mehr oder weniger als Dauerpatient fristet. In ähnlichem Sinn hat kürzlich in einer temperamentvollen und anregenden Schrift ein erfahrener Arzt dargelegt, daß am hohen Krankenstand und an den gewaltig gestiegenen und weiter steigenden Kosten für das Gesundheitswesen niemand anderes „schuld ist“ als der Arzt, die medizinische Wissenschaft und die verbesserte Krankenfürsorge. [34])

An dieser Deutung ist zweifellos etwas Wahres, aber glücklicherweise spricht sie nur eine Teilwahrheit aus. Es wäre eine beängstigende Vorstellung und ein Grund zur Hoffnungslosigkeit, wenn man annehmen müßte, daß die Fortschritte der Medizin und Hygiene gleichzeitig Rückschritte der menschlichen Gesundheit sein müßten. Wenn man sich damit abzufinden hätte, daß die verlängerte Lebenszeit mit verlängertem Siechtum bezahlt werden muß, dann wäre die Gesundheit, die schließlich das Ziel jeder Heilkunde ist, nur eine Fata Morgana in der Wüste, die den Verdurstenden narrt.

Die Zivilisationsleiden ziehen keineswegs nur die Alten und die Schwächlichen in ihren Sog. Und das Ausmaß der degenerativen Krankheiten und Konstitutionsverschlechterungen ist viel größer, als daß man es mit dem Überleben der früher dem Tode Geweihten erklären könnte. Es ist daher fruchtbarer, das Problem von einer anderen Seite zu betrachten. Vergegenwärtigen wir uns nochmals den Vorgang beim Schritt von der Primitivität zur Zivilisation, von der vollen Gesundheit zur Scheingesundheit oder zur ausgesprochenen Kränklichkeit, wie ihn *Price* in allen Teilen der Welt beobachtet hat. Dort entstehen im Gefolge veränderter Lebensbedingungen, nicht als Folge der Fortschritte von Medizin und Hygiene die gleichen Leiden, die die alten Kulturvölker zu überwuchern drohen. Und der auslösende Umweltfaktor, der zündende Funke, ist überall die Ernährung.

Was die von *Price* gesammelten Erfahrungen auszusagen scheinen, ist nichts Geringeres als dieses: *Ein großer Teil der sogenannten Zivilisationskrankheiten ist ein fortschreitender Prozeß der Degeneration, der sich auf der Grundlage einer Mangelnahrung abspielt.* Trifft das zu, so wäre es töricht und verantwortungslos, der Zusammensetzung unserer Nahrung eine so geringe Aufmerksamkeit zu schenken, wie es tatsächlich geschieht, und sich durch den Rummel, den interessierte Kreise und halbkluge Fanatiker mit den Begriffen Vitamin und Wirkstoff anstellen, davon abschrecken zu lassen, den Dingen auf den Grund zu gehen.

Um Klarheit zu gewinnen, muß man die Ergebnisse von *Price* mit den Erkenntnissen anderer Forscher vergleichen und feststellen, ob sie sich in das schon gesicherte Wissen der Wissenschaft einfügen lassen. Was ist überhaupt Degeneration? Der Begriff der Degeneration ist allzu einseitig mit dem Vorgang der Vererbung verbunden worden, und in diesem Zusammenhang denkt man an Inzucht, sobald das Wort fällt. Aber in der Wirklichkeit unserer Tage spielt die Inzucht als Degenerationsursache keine nennenswerte Rolle. Wir haben gesehen, daß bei primitiven Volksstämmen, die in sehr kleinen Gemeinschaften streng abgeschlossen leben, trotz der offensichtlich vorhandenen Inzucht keine Degenerationserscheinungen auftreten. Und gerade dort sind sie gehäuft zu beobachten, wo dank einer allgemeinen Beweglichkeit eine Mischung der verschiedensten Erbfaktoren stattfindet. Die Degeneration, wie sie heute vor allem auftritt, äußert sich in der krankhaften Entartung oder Verkümmerung einzelner Organe, im vorzeitigen Altern, in allgemeiner Anfälligkeit, allgemeiner Körperschwäche und ähnlichen Symptomen. Und zwar sind es nicht Folgen einer krankhaften Erbanlage, sondern erworbene Schädigungen, also Wirkungen von

Umwelteinflüssen. Das gilt auch schon für einen großen Teil jener Schäden, mit denen das Kind zur Welt kommt. Ob es sich um Kiefermißbildungen, Hasenscharten, Verengung der Atmungswege oder um Schwäche der Sinnesorgane wie der allgemeinen Konstitution handelt, alle diese degenerativen Abweichungen sind oft nicht oder weniger durch Erbfaktoren bedingt als durch schädigende Einflüsse im Mutterleib. Und bei diesen Entwicklungsstörungen vor der Geburt spielt wiederum, wie wir heute wissen, der Umweltfaktor Nr. 1, die Ernährung, häufig die entscheidende Rolle.

Weder *Price* noch andere Ernährungsforscher wollen mit solchen Feststellungen den Genetikern ins Gehege kommen oder die Gültigkeit der Vererbungsgesetze anzweifeln. Sie lassen die Frage, ob die Erbmasse von der Ernährung beeinflußt wird, offen. Die Frage, um die es hier geht, ist eine andere: Warum bringen die unverändert gleichen Erbfaktoren, die jahrtausendelang vollkommene Menschen bildeten, nun gewissermaßen über Nacht in vieler Hinsicht defekte Lebewesen hervor? Diese Frage stellen die Schädel- und Skelettfunde aus Zeiträumen, die unsere Geschichte weit hinter sich läßt. Und die gleiche Frage erhebt sich vor den uns bekannten Befunden bei den nach alter Art lebenden Primitiven. Wir haben gesehen, daß auch dort, wo keinerlei Rassenmischung stattfand, von einer Generation zur anderen Veränderungen der Konstitution vor sich gingen: Gebißanomalien, Beckenverengungen, Verengung des Gesichts und der Atemwege, um nur einige, besonders in die Augen fallende Entartungserscheinungen zu nennen.

Zunächst ist es wichtiger, die Tatsachen selbst festzustellen, als eine endgültige wissenschaftliche Erklärung des Vorgangs zu bieten. Man kann sich vorstellen, daß der in der Erbmasse gegenwärtige Bauplan nur verwirklicht werden kann, wenn die nötigen, von der Natur vorgesehenen Baustoffe zur Verfügung stehen. Fehlt der eine oder der andere Stoff, so können einzelne Teile des werdenden Organismus nicht in vollkommener Form sondern nur verkümmert gebildet werden, oder die Konstitution wird im ganzen schwächer.

Sowohl die Erfahrungen bei den Primitiven wie die noch zu erwähnenden Experimente mit Tieren zeigen mit aller Deutlichkeit, daß vieles, was bisher auf eine schlechte Erbmasse zurückgeführt wurde, Folge von Umwelteinflüssen und insbesondere Folge einer Mangelnahrung ist. Das Positive dieser Erkenntnis liegt darin, daß man dort, wo früher nur ein Verhängnis zu walten und menschliche Einwirkung ausgeschlossen schien, mit dem einfachen Mittel der Ernährung Unheil verhüten kann und fähig ist, das Leben zu vollerer Entfaltung zu bringen.

Wo man dieser Wirkung der Nahrung im Tierexperiment oder bei systematischen klinischen Versuchen nachgegangen ist, wurde ihre Bedeutung im Positiven wie im Negativen voll bestätigt.

Der amerikanische Chemiker und Ernährungsforscher *Sherman* faßt das Ergebnis jahrzehntelanger Erfahrungen zusammen, wenn er feststellt, daß nicht nur Tierexperimente, sondern auch klinische Beobachtungen gezeigt haben, daß die Vervollkommnung des Lebens durch die Ernährung schon vor der Geburt erfolgen kann und muß. [60]) Zwar nehmen wir nicht an, daß die Nahrung die Chromosomen, das Keimplasma wesentlich ändert, aber sie wirkt schon auf das noch Ungeborene und beeinflußt damit seine Entwicklung. Von großem Interesse und großer Bedeutung sind die laufenden Forschungen von *Stuart, Burke* und ihren Mitarbeitern an der Harvard Medical School. – *King* hat die Ergebnisse wie folgt zusammengefaßt: 1. Die Aussichten eines Kindes, im wesentlichen ein vollkommenes Wesen seiner Art zu sein und über eine kräftige Gesundheit zu verfügen, sind viermal größer, wenn die Mutter eine vollwertige Ernährung erhielt. – 2. Das Risiko, daß ein Neugeborenes eine schwächliche Gesundheit mitbekommt, ist zwanzigmal größer, wenn die Mutter von einer unterwertigen Nahrung lebte. – 3. Wenn diese Forschungsergebnisse im ganzen Lande angewandt und die amerikanischen Familien entsprechend besser ernährt würden, könnten in jedem Jahr mehr als eine Million amerikanischer Säuglinge ihr Leben auf einer höheren Stufe der Gesundheit beginnen. [35]) und [36])

Sir *Robert McCarrison* äußert sich zur gleichen Frage: „Die Bedeutung der Nahrung in der Zeit der Schwangerschaft ist durch viele Experimente erwiesen. Eine Gruppe von Forschern in Toronto hat zum Beispiel in einer Frauenklinik 90 Frauen in den Wochen vor der Entbindung eine an Wirkstoffen und Mineralien reiche Zusatznahrung gegeben. 120 andere Frauen blieben bei der allgemein üblichen Kost. Der Gesundheitszustand dieser Frauen war in der Zeit der Schwangerschaft und auch in den Wochen danach schlechter, ihre Wehen waren von längerer Dauer, und von ihren

Kindern starben 14 (davon 7 Fehlgeburten, 4 Totgeburten), während die Kinder der vollwertig ernährten Mütter sämtlich am Leben blieben.“ [40])

Hier kommt also die Wissenschaft unserer Tage zu den gleichen Forderungen, denen viele primitive Völker mit großem Erfolg seit alters entsprechen. Wie wir sahen, bedeutet bereits der Sicherheitsfaktor in der Nahrung der Primitiven, jenes Mehr an Wirkstoffen und Mineralien, eine Vorsorge für die Gesundheit der kommenden Generation. Dazu tritt bei vielen Stämmen eine zusätzliche Kost für die werdende Mutter, die sich bei der wissenschaftlichen Nachprüfung fast stets als besonders reich an Aufbau- und Wirkstoffen erwies.

Zahlreiche und sehr ausgedehnte Tierversuche haben die Bedeutung der Ernährung für die Konstitution und die Gesundheit der Nachkommenschaft bestätigt. Kritiker, die selbst keine Experimente mit Tieren durchgeführt haben, bezweifeln manchmal die Gültigkeit solcher Erfahrungen im menschlichen Bereich. Aber Forscher, wie *McCarrison*, die bei ihren Versuchen Tiere in vielen aufeinanderfolgenden Generationen exakt beobachtet haben, waren immer wieder erstaunt über die ähnlichen Wirkungen gleicher Nahrung bei Mensch und Tier. So zeigten zum Beispiel Ratten, die mit der Kost ernährt wurden, die bei den verschiedenen Völkern Indiens üblich ist, die gleichen Anzeichen voller Gesundheit oder krankhafter Schwächen wie die Inder, je nachdem, ob die Kost vollwertig oder unterwertig war. Daß es neben dieser grundsätzlich gleichartigen Reaktion auch Abweichungen gibt, wie zum Beispiel bei der Synthetisierung bestimmter Wirkstoffe im Körper mancher Tiere, ist bekannt und kann bei Tierversuchen in Rechnung gestellt werden. [25])

Man kann fast jeden Wirkstoff wahllos herausgreifen, um im Tierversuch zu zeigen, daß sein Fehlen oder meist schon ein ungenügender Anteil in der Ernährung zu schweren Störungen der Gesundheit und zu krankhaften Veränderungen der Nachkommenschaft führt. Das Vitamin E wird als Antisterilitätsvitamin bezeichnet, weil seine Wirkung auf die Fruchtbarkeit erwiesen ist. Auch für die Muskeln ist es von großer Bedeutung, sein Fehlen führt zu Muskelschwund. Interessant ist das Ergebnis neuerer Forschungen, die gezeigt haben, daß beim Mangel von Vitamin E Kaninchen und

Goldhamster nicht gleich unfruchtbar werden, sondern zuerst schwere Muskeldystrophien zeigen, die denen des Menschen sehr ähnlich sind.

M. M. Barie berichtet über seine Versuche mit Vitamin E: [72]) „Erhalten weibliche Ratten eine vollwertige Nahrung, die jedoch nur Spuren von Vitamin E enthält, so wird die Zeit des Austragens der Jungen verlängert, es kann eine Verzögerung von 10 Tagen geben. Die Jungen sind bei dieser Ernährung des Muttertiers nicht normal. Sie können sich nur langsam entwickeln und bleiben mager und kleinwüchsig trotz reichlicher Nahrung. Sie können aber auch abnorm fett werden, zeigen dann eine Schwäche der Beine und bekommen 18 Tage nach der Geburt Fußkrämpfe. – Eine nicht ausreichende Menge von Vitamin E in der Nahrung führt auch dazu, daß die Ratten zwar Junge werfen, aber nicht in der Lage sind, sie zu säugen."

Price hatte Ähnliches bei den primitiven Völkern, die die Kost der Zivilisation angenommen hatten, beobachtet, besonders bei Indianern und Eskimos. In der zweiten und dritten Generation nach der Koständerung mochte ein Teil der auftretenden, früher völlig unbekannten Gebärschwierigkeiten auf eingetretene Beckenverengung zurückgehen, aber in der Generation, die den Nahrungswechsel vorgenommen hatte, konnte die Ursache dieser Degenerationserscheinungen nur im akuten Mangel an bestimmten Stoffen zu finden sein, da sich abgesehen von der Ernährung nichts in der Umwelt verändert hatte.

Besonders eingehend ist die Wirkung eines Mangels an Vitamin A in der Nahrung erforscht worden. Es ist zum Beispiel durch umfangreiche Tierversuche erwiesen, daß Vitamin-A-Mangel Dentitionsunregelmäßigkeiten und sogar Gaumenspalten erzeugen kann. Eine Erfahrung, die im Hinblick auf den rapide vorwärtsschreitenden Gebißverfall besonders bedeutsam ist. Gerade hier, beim Gebißverfall der modernen Menschheit, ist es sehr deutlich, daß man sich nicht hinter die fatalistische Behauptung zurückziehen kann, es handle sich nur um unbeeinflußbare Erbvorgänge, um eine Verschlechterung der Erbmasse durch das Überleben von an sich lebensunfähigen Menschen. Es ist unsinnig anzunehmen, daß in früheren Generationen die Menschen mit schlechtem Gebiß ausstarben, ehe sie ihre geschädigte Erbmasse an Nachkommen weitergeben konnten, und daß heute, im Zeitalter der künstlichen Gebisse, diesen Todgeweihten die Möglichkeit gegeben ist, ihren Erbschaden in einer zahlreichen Nachkommenschaft zu vervielfachen. Wir müssen uns hier wie bei vielen anderen Schäden dazu bequemen, zuzugeben, daß wir selbst in viel weiterem Umfang, als noch vor 20 oder 30 Jahren geahnt werden konnte, für unsere Konstitution und Gesundheit und die unserer Nachkommen verantwortlich sind.

Über die Wirkung eines Mangels an Vitamin A in der Nahrung berichtet *K. E. Mason:* „Bei trächtigen Ratten verursacht der Vitaminmangel eine verlängerte Tragzeit, in schweren Fällen bis zu 26 Tagen. Der Gebärakt ist schwer, er dauert manchmal 2 Tage, oft mit dem Ergebnis, daß Muttertier und Junge tot sind.“ [45]) Über die Folgen von Vitamin-A-Mangel bei Kühen haben *Meigs* und *Converse* Untersuchungen durchgeführt. Sie berichten: „Die Aufzucht der Kälber auf den Farmen in Beltsville erfolgt mit einer Nahrung, die bedenklich arm an Vitamin A ist. Auch die Milch der Kühe, die mit Heu gefüttert werden, das seine grüne Farbe verloren hat, ist eine höchst fragwürdige Quelle von Vitamin A für die Kälber. Die Entwicklung dieser Tiere wurde zwei Jahre lang überwacht, sie erhielten eine nahrhafte Getreidemischung und ein spät geschnittenes, farbloses Heu. Aber als sie herangewachsen waren, zeigte sich die Unzulänglichkeit ihrer Nahrung: zwei von sechs ihrer Kälber waren bei der Geburt tot, ein Kalb war nicht fähig zu stehen und starb sehr bald nach der Geburt, und die drei letzten waren schwächlich und blind.“ – Die quantitativ ausreichend ernährten Kühe waren also nicht fähig gewesen, ihre Kälber lebensfähig zur Welt zu bringen, weil ihr Futter nicht genügend Vitamin A enthalten hatte. *Meigs* und *Converse* untersuchten nun die Wirkung der Milch dieser an Vitamin A armen Kühe bei gesunden Kälbern von anderen, vollwertig ernährten Kühen. Es ergab sich, daß die Milch der mit farblosem Heu gefütterten Kühe die gesunden Kälber tötete. Von den drei Kälbern, die diese an Vitamin A arme Milch erhielten, starb eines nach 57 Tagen, das nächste nach 62 und das letzte nach 71 Tagen. – Im Zusammenhang mit der Qualität unserer eigenen Nahrung wird uns dieser Fall noch beschäftigen. [46])

Auch *Hart* und *Gilbert* haben nachgewiesen, daß ein Mangel an Vitamin A im Futter der Kühe häufig zu Totgeburten, lebensschwachen Kälbern und mehr oder weniger schweren Augenschädigungen bei der Nachkommenschaft führt. [28])

Hughes hat bei Ernährungsversuchen mit Schweinen nachweisen können, daß die Tiere sich bei Gerstenfutter ohne Vitamin A nicht fortpflanzen, aber wieder zeugungsfähig werden, wenn dem Futter Dorschlebertran hinzugefügt wird. [30])

Man braucht die bei Tierversuchen mit einer Mangelnahrung gemachten Erfahrungen nicht unmittelbar auf den Menschen zu übertragen, aber es gibt keine Gründe für die Annahme, daß ein Mangel biologisch notwendiger Stoffe in unserer Kost keine degenerativen Wirkungen hat. Wenn man die bei Pflanzen und Tieren gefundenen Vererbungsgesetze auch für das menschliche Geschlecht gelten läßt, so wird man sich auch die Wirkung der Nahrung auf die Erbmasse des Menschen grundsätzlich ähnlich, wie sie uns der Ernährungsversuch mit Tieren zeigt, vorstellen müssen.

Aufschlußreich sind die von *Price* mitgeteilten Beobachtungen an Schweinen, die der Leiter der wissenschaftlichen landwirtschaftlichen Versuchsstation in Texas, Professor *Fred Hale*, durchgeführt hat.

6 Muttersauen waren einige Monate vor der Befruchtung und 30 Tage danach ausreichend, aber ohne Vitamin A gefüttert worden. Alle 59 Ferkel aus diesen 6 Würfen waren augenlos. Eine von den Sauen, die Ferkel ohne Augäpfel geboren hatte, erhielt zwei Wochen vor der nächsten Befruchtung eine einmalige Dosis von Dorschlebertran. Sie warf 14 Ferkel, die alle verschiedene Mißbildungen der Augen aufwiesen. Einige dieser Ferkel hatten nur ein Auge, andere ein großes und ein kleines, aber alle waren blind. Offenbar hatte die einmalige Gabe des Vitamins nicht ausgereicht, um vollkommene Organe zu bilden. Mißbildungen der Schnauze, der Zahnbögen, der Ohren sind bei Schweinen Folgen des Mangels an Vitamin A in der Nahrung, aber auch Wolfsrachen und Klumpfüße. [27])

Auf einer Farm in Ralls, Texas, wurden in einer Trockenperiode, in der kein Grünfutter für die Schweine zur Verfügung stand, 7 blinde Ferkel geboren. Die Zucht war immer gesund gewesen, so daß ein Erbfaktor als Ursache der Blindheit ausschied. Prof. *Hale* kaufte den blinden Wurf und die Muttersau und kreuzte die blinden Tiere untereinander. Sie erhielten vorher und nachher ein Futter, das reich an Vitamin A war. Sämtliche Ferkel aus diesen Kreuzungen hatten normale Augen und volle Sehkraft. Auch die Kreuzung eines blinden Ebers mit der Muttersau, von der er abstammte, ergab nur Ferkel mit gesunden Augen. Wäre ein Erbfaktor hier mit im Spiel gewesen, so hätte diese Kreuzung auch einige blinde Ferkel ergeben müssen.

Schon diese wenigen Beispiele aus der großen Masse des von der Wissenschaft gesammelten Beweismaterials zeigen, welche Wirkungen eine Mangelnahrung des Muttertiers auf die Nachkommenschaft haben kann. Zweifellos kann aber auch von der väterlichen Seite aus eine ähnliche degenerative Tendenz wirksam werden, wenn in der Nahrung bestimmte Wirk- und Aufbaustoffe fehlen. *Price* hatte bei *Hale* angefragt, ob er Erfahrungen über die Wirkung eines Vitamin-A-Mangels bei männlichen Tieren gemacht habe. „Die Tiere werden steril" – antwortete *Hale* –, „so sind uns Versuche in dieser Richtung nicht möglich." – Aber Beobachtungen von anderer Seite werfen doch einiges Licht auf dieses Problem, auch wenn bisher hier keine so eindeutige Klarheit gewonnen werden konnte wie hinsichtlich des Zusammenhangs der Ernährung der Mutter mit der Gesundheit der Nachkommen.

Price berichtet von einem Dachshund, dessen Futter arm an Mineralstoffen und Wirkstoffen war. Er entstammte einer gesunden Zucht und schien auch selbst gesund zu sein. Als er aber vier Hündinnen deckte, zeigten drei der folgenden Würfe so gleichartige Degenerationszeichen, daß sie auf eine gemeinsame Ursache zurückgeführt werden mußten. Die Welpen hatten gespaltene Gaumen, und die Röntgenbilder enthüllten schwere Mißbildungen des Rückgrats. Da diese Entartungserscheinungen weder in früheren noch in späteren Generationen auftraten, konnte es sich kaum um Erbschäden im eigentlichen Sinn oder um Mutationen handeln. Sie waren nur als Störungen der väterlichen Erbmasse durch eine Mangelnahrung zu erklären.

Im Tierversuch wird vielfach mit Extremen gearbeitet, also mit einer sehr weitgehenden Verminderung oder gar dem völligen Entzug eines Wirkstoffes, um auf diese Weise drastische Ergebnisse zu bekommen. Das Leben veranstaltet selten derartige Demonstrationen, aber alle Erfahrung weist darauf hin, daß auch schon ein geringfügiger Mangel im Laufe der Entwicklung zu krankhaften Störungen führt. Die durch einen schweren Vitaminmangel entstehenden Krankheiten, wie Skorbut, Pellagra oder Beri-Beri, sind in den Ländern der Zivilisation keine Probleme. Ihre Symptome sind heftig und deutlich genug, daß man nach dem Arzt ruft, der sie unfehlbar erkennen und rasch überwinden kann. Diese gewaltsamen, jedem sichtbaren Feinde der Gesundheit haben viel gefährlicheren Platz gemacht: den schleichenden Hypovitaminosen, der unzureichenden Versorgung des Organismus mit Vitaminen, und den anderen Mangelkrankheiten, die langsam, fast unmerklich die Gesundheit aushöhlen wie der stete Tropfen den Stein. Kein Trompetenstoß und kein flatterndes Feldzeichen künden den Angriff an und warnen den Betroffenen, wie das bei so vielen Infektionskrankheiten der Fall ist. Selbst dem Auge des Arztes ist oft nicht erkennbar, daß eine nicht ausreichende Zufuhr von Vitaminen, Mineralsalzen oder Spurenelementen die Gesundheit eines Menschen langsam, aber unerbittlich vermindert und wie jeder krankhafte Dauerzustand zu Abbau, Rückbildung, Degeneration führt.

Wer sich nach einer reichlichen Mahlzeit schwerfällig erhebt, wird nicht leicht zu überzeugen sein, daß er an einer Mangelnahrung leidet. Das gilt für den einzelnen wie für ganze Völker. Man wird im allgemeinen gewiß nicht annehmen, daß die Schweiz mit ihrem hohen Lebensstandard Mangel leidet. Und doch ist es der Fall, weil eben keineswegs immer der Hunger der folgenschwerste Mangel ist. Greifen wir ein einzelnes Vitamin heraus. Untersuchungen Schweizer Milizangehöriger im Jahr 1936 ergaben, daß nur 23% der Rekruten ausreichend mit Vitamin C versorgt waren, 67% wiesen eine latente Hypovitaminose und 10% eine ausgesprochene C-Hypovitaminose auf. Im Jahr 1941 war das Ergebnis bei den aktiv dienenden Soldaten noch ungünstiger: nur 11% waren ausreichend versorgt, 32% zeigten eine latente und 57% eine manifeste C-Hypovitaminose. [29])

Welch geheime Tragik umgibt heute so oft schon den Eintritt eines Kindes in die Welt! Wenn wir wissen, wie unzulänglich unsere Ernährung im allgemeinen ist, und wenn wir uns bewußt sind, wie empfindlich die Entwicklung des Kindes schon im Mutterleib gehemmt werden kann, dann können wir uns der Erkenntnis kaum verschließen, daß der Weg zur Degeneration oft schon beschritten ist, ehe das Kind das Licht der Welt erblickt. Mit Freuden wird das Kind empfangen, wird es von den Eltern umhegt und umsorgt, sucht man ihm den Weg in eine gesicherte Zukunft zu ebnen. Und wie oft ist dabei versäumt worden, ihm das volle Maß der Kräfte mitzugeben, das ihm auf Grund seiner Erbschaft zusteht!

Warum steigt die Zahl der Brillenträger unter den Kindern? Worauf ist der oft festgestellte Rückgang der Intelligenz zurückzuführen? Warum treten Leiden, die früher nur als Alterserscheinungen bekannt waren, heute auch bei Jugendlichen auf? Wir haben gesehen, wie unsere Zivilisationskost bei den Primitiven zu Konstitutionsveränderungen – Gesichtsanomalien, Beckenverengungen, Veränderungen der Form des Brustkorbs und anderen Entartungen – führt. Was berechtigt uns, die gleichen Symptome in den Kulturländern auf andere Ursachen zurückzuführen? Können wir uns der Verantwortung entziehen, indem wir die Erbmasse dafür schuldig sprechen?

Warum nehmen die Kieferfehlbildungen auch in Europa einen so erschreckenden Umfang an? Wir haben uns an dieses Symptom einer Degeneration schon so gewöhnt, daß man die Statistik sprechen lassen muß, um zu zeigen, worum es hier geht. In der Schweiz untersuchte *Mansbach* 2400 Kinder und fand bei 70% der Untersuchten Stellungsanomalien der Zähne. Deutsche Untersuchungen geben zum Teil geringere Prozentsätze an, wahrscheinlich weil manche Fehlbildungen noch als normal beurteilt wurden. So stellte eine in Bonn von *Korkhaus* durchgeführte Untersuchung (1926) 43% ausgesprochene Anomalien bei den 6–7jährigen und 55% bei den 14jährigen fest. Untersuchungen, die nach 1945 erfolgten, nennen zum Teil einen weit höheren Anteil der Entartungen. Offenbar handelt es sich um einen rasch fortschreitenden degenerativen Prozeß, für den man weder die im wesentlichen gleichgebliebene Erbmasse noch das Daumenlutschen noch sonstige äußere Ursachen verantwortlich machen kann. Und warum soll ein solcher Degenerationsvorgang auf Kiefer und Zähne beschränkt bleiben? Wenn durch Jahrhunderte und Jahrtausende die Form der Kiefer gleich blieb und ihrer Funktion auf das vollkommenste entsprach, so muß es schon ein sehr wirkungsvoller Faktor sein, der von einer Generation zur anderen diese festgefügte Ordnung verwirrt und ein Durcheinander hervorbringt. Ist nicht zu erwarten, daß der gleiche Faktor auch andere, weniger sichtbar werdende Schäden im Organismus verursacht?

Ein Schulbeispiel für die Auswirkung eines Vitaminmangels ist das der dänischen Bauernkinder aus dem Jahr 1916. Damals traten plötzlich, ganz überraschend Augenerkrankungen im Umfang einer Epidemie auf. Als daraufhin die Ausfuhr von Butter und Molkereiprodukten verboten wurde, verschwand die Krankheit in wenigen Wochen. Die Hochkonjunktur hatte die Bauern Dänemarks veranlaßt, ihre Molkereierzeugnisse in weitestem Umfang nach Deutschland zu exportieren und selbst zum Verbrauch von Margarine und Magermilch überzugehen. Der dadurch bedingte Mangel an Vitamin A hatte insbesondere bei den Kleinkindern zu den Augenerkrankungen geführt. So klar dieser Fall ist, so wenig wissen wir davon, wie sich ein weniger extremer Mangel an Vitamin A auswirkt. Diese Frage ist bedeutsam, weil unserer Nahrung in vielen Fällen, im Gegensatz zur Primitivkost, ein ausreichender Gehalt auch an Vitamin A fehlt. Wir können zwar mit Leichtigkeit schlechte Zähne durch ein künstliches Gebiß ersetzen und schwachen Augen durch eine Brille helfen, aber einen Degenerationsprozeß halten wir damit nicht auf.

Jeder weiß, daß die Konstitution der Kinder nicht immer jener der Eltern entspricht. Man hat sich im allgemeinen wenig Gedanken darüber gemacht und ohne weiteres angenommen, daß aus der großen Zahl der in den Chromosomen gegebenen Möglichkeiten eine neue Variante Wirklichkeit geworden ist. Jetzt wissen wir, daß es sich aber keineswegs immer um eine Folge der Vererbung, sondern auch um gewissermaßen mitgeborene und in den ersten Lebensjahren weiterentwickelte Ernährungsschäden handeln kann. Welch böses Geschenk einem Kinde mit solch einer unterentwickelten Konstitution mit in die Wiege gelegt wird, erweist sich meistens erst später im Leben. Der unterentwickelte Brustkorb, tief und eng, ist besonders der Infektion durch Tuberkulose ausgesetzt. Neuere Forschungen haben auch einen Zusammenhang zwischen Konstitution und Poliomyelitis, Kinderlähmung, festgestellt. *Draper*, der Gründer der Constitution Clinic in New York, fand, daß die an Kinderlähmung Erkrankten fast immer einige Anzeichen rückständiger Entwicklung zeigen, mediale Falten an den oberen Lidern, Überstreckbarkeit der Fingergelenke und andere, gewöhnlich nur Säuglingen eigene Entwicklungsformen. [21]) und [22]) Bei den Primitiven hatte *Price* ähnliche Wachstumsstörungen nach Übernahme der denaturierten Kost beobachtet.

Über diese Zusammenhänge – Einwirkung der Ernährung auf die Konstitution einerseits, Verbindung gewisser Infektionskrankheiten mit bestimmten geschwächten Konstitutionstypen andererseits – wissen wir noch wenig. Aber das wenige, das schon bekannt ist, erscheint so gewichtig, daß Vorbeugungsmaßnahmen ergriffen werden sollten.

Tritt der Mensch der Zivilisation immer häufiger schon mit degenerativen Schäden oder gar Mißbildungen auf die Bühne der Welt, so wählt er sich dazu noch oft den Mangel als Begleiter fürs Leben, und in den entscheidenden Akten seines Lebensdramas wirkt sich das am fühlbarsten und verderblichsten aus. Die Erkenntnisse der Ernährungswissenschaft sind vielleicht noch zu neu, um sich dem Bewußtsein der Allgemeinheit einzuprägen und zu einer Änderung der Lebensweise zu führen. Wenn wir wissen wollen, wie sich die Anwendung jener Grundsätze, die wir in der Kost der Primitiven verwirklicht sahen, auswirkt, so können wir uns dem Tierexperiment zuwenden.

Wir meinen oft, wenn wir ein Blättchen Salat verzehren, dem Vitamingötzen genug geopfert zu haben. Die Wissenschaft fordert mehr, aber der Gehalt der Nahrung der Primitiven geht, wie wir gesehen haben, noch weit über die wissenschaftlich errechneten Mindestmengen hinaus. *Sherman* hat in sehr gründlichen und langdauernden, zum Teil durch mehr als 70 Generationen geführten Versuchen mit Ratten höchst beachtenswerte Erfahrungen gemacht. Er berichtet darüber:

„*Sherman* und *Trupp* gingen bei ihren ausgedehnten Versuchen mit Ratten von einer Ernährung aus, die so angemessen war, daß die Tiere noch in der 70. Generation bei ihr gediehen. Wurde aber der Vitamin-A-Gehalt dieser Nahrung verdoppelt, so verlängerte sich die Lebensdauer der Ratten merklich über den an sich schon normalen Durchschnitt hinaus. Wurde der Gehalt an Vitamin A vervierfacht, so lebten die männlichen Ratten 10,4%, die weiblichen 12,1% länger, d. h. über die normale Lebenszeit hinaus. Dabei wurde die Spanne des sogenannten nützlichen Lebens oder der „besten Jahre“ – jene Zeit zwischen der Reife und dem Beginn des Alters – in größerem Ausmaß verlängert als der Lebenszyklus im gesamten. Besonders bemerkenswert ist die Tatsache, daß sich als Optimum wenigstens die vierfache und höchstens die achtfache der als Standardration geltenden Menge von Vitamin A erwies. [60])

Ebenso erwies sich in ausgedehnten Versuchen Kalzium als einer jener Stoffe in der Nahrung, deren Gebrauch in großzügigem Überfluß förderlich ist ... Wenn der Kalziumgehalt der Grundnahrung ungefähr verdoppelt wurde, so verlängerte sich die Lebenszeit merklich über den schon normalen Durchschnitt hinaus, sowohl bei den männlichen wie den weiblichen Tieren, wenn auch bei den letzteren nicht im gleichen Maße, wenn sie eine größere Zahl von Jungen geboren und gesäugt hatten. Wurde der Kalziumgehalt verdreifacht, so ergab sich ein weiterer Gewinn für den Lebensablauf und die Lebensdauer. Und auch bei noch höheren Gaben von Kalzium, dem Vierfachen der in der normalen Nahrung enthaltenen Menge, setzten sich diese Gewinne an Leben fort, bei den weiblichen Ratten sowohl hinsichtlich einer Höchstzahl von Jungen wie auch der Dauer des Lebens. Der Gewinn an Lebenszeit betrug bei den männlichen Tieren 11,8%, bei den weiblichen 13,8%. Auch hier war die Spanne des „nützlichen" Lebens mehr angewachsen als der Lebenszyklus im gesamten. Unter den Bedingungen dieser Versuche erwies sich ein dreifacher bis vierfacher Kalziumgehalt der als ausreichend geltenden Menge als optimal. In anderen Versuchsreihen, bei denen die Grundnahrung freigebig auch mit Eiweiß, Mineralien und Vitaminen in ausgewogenem Verhältnis versehen war, ergab schon eine Verdoppelung des „normalen" Kalziumgehalts die besten Ergebnisse, obschon auch höhere Gaben gleich gute unmittelbare Resultate hervorbrachten und vielleicht zu einer vergrößerten Reserve beitrugen." [60])

Batchelder hat bei ähnlichen Versuchen mit Vitamin A festgestellt, daß bei sehr hohen Gaben, wenn eine sichtbare Auswirkung bei den gefütterten Tieren nicht mehr feststellbar war, doch die folgende Generation einen höheren Grad von Gesundheit zeigte. [11]) und [12])

Auch *Maynard* und *McCay* von der amerikanischen Cornell-Universität stellten 1940 nach langjährigen Versuchen mit Ratten fest, daß eine an Vitaminen, Mineralien und anderen Aufbaustoffen reiche, an Kohlehydraten und Fetten relativ arme Nahrung die Gesundheit und die Lebensdauer erhöht. [39])

Eine so konsequente Anwendung der gewonnenen Erkenntnisse ist bisher im großen innerhalb menschlicher Gemeinschaften nicht erfolgt. Immerhin deuten durchgeführte Teilversuche darauf hin, daß ähnliche Ergebnisse auch beim Menschen zu erreichen wären. Besonders überzeugend ist das Milchexperiment des englischen Arztes Dr. *Corry Mann*, das unter der Aufsicht des British Medical Research Council und einer Reihe von Universitäts-Professoren durchgeführt wurde. [43]).

In einem englischen Knabeninternat mit guter, ausreichender Verpflegung erhielt eine Gruppe von Jungen zwischen 7 und 11 Jahren täglich eine zusätzliche Portion Milch. Die Beobachtung erstreckte sich auf einen Zeitraum bis zu drei Jahren. Nach 18 Monaten war ein auffallender Unterschied festzustellen: die „Milchknaben" zeigten eine stärkere Zunahme an Gewicht und Größe, sie waren leistungsfähiger und ihr Allgemeinzustand war besser als jener der anderen Schüler. Wenn ein Fremder den Speisesaal betrat, wo die Zöglinge von 19 Häusern jeweils um ihren Speisetisch versammelt waren, so konnte er immer jenen Tisch mit unfehlbarer Sicherheit bestimmen, an dem die Jungen saßen, die eine Sonderration Milch erhielten. In dem Bericht *Manns* heißt es: „Diese Jungen waren sichtlich in besserer Verfassung als die irgendeines anderen Hauses der Anstalt. Dazu waren sie geistig viel reger geworden und hatten einen Unabhängigkeitsdrang entwickelt, der ihnen manche Schwierigkeit eintrug. Die Weiterentwicklung geistiger Fähigkeiten läßt sich zahlenmäßig nicht messen, aber sie war hier außer jedem Zweifel."

An diesem Beispiel ist deutlich zu erkennen, daß eine allgemein als gut geltende Ernährung, wie sie alle Internatsschüler erhielten, zwar das Auftreten von Schäden oder Mangelerscheinungen verhindert, aber doch nicht ausreicht, die dem Menschen gegebenen physischen und psychischen Möglichkeiten zur vollen Entwicklung zu bringen.

In England sind von den Gesundheitsbehörden noch zwei große Milchaktionen durchgeführt worden, die zu ähnlichen Ergebnissen führten. In einem Fall erhielten 10 000 Schulkinder von insgesamt 20 000 in einem Zeitraum von vier Monaten täglich eine Sonderzuteilung Milch. Der abschließende Bericht stellt fest, daß die bessere körperliche Entwicklung, der günstige Einfluß auf das Allgemeinbefinden und die geistige Aufnahmefähigkeit und Frische verblüffend waren.[42])

Wichtig ist die bei diesen und anderen Versuchen gemachte Erfahrung, daß eine verbesserte Ernährung nicht nur zu besserer körperlicher Entwicklung und Gesundheit führt, sondern auch die geistigen Fähigkeiten günstig beeinflußt. Man hat die geistige Entwicklung des Menschen vielfach als einen abgeschlossenen, selbständigen Bezirk betrachtet und übersehen, daß auch er nicht außerhalb der biologischen Vorgänge steht. Daher werden auch heute noch die zweifellos bestehenden Zusammenhänge zwischen Ernährung und geistiger Frische und Regsamkeit oft übersehen. Wir können nicht erwarten, durch eine entsprechende Diät aus schwach begabten Kindern Genies zu entwickeln, aber wir können durch eine vollwertige Nahrung vermeiden, daß der Mensch seine Begabung nicht voll entfalten kann, weil die physische Grundlage verkümmert.

Wenn Kinder und Erwachsene leicht ermüden, wenn sie sich nicht recht konzentrieren können, wenn sie apathisch werden, wenn ihre Aufnahmefähigkeit sinkt oder ihr Gedächtnis nachläßt – wer fragt da, ob der Grund nicht im Mangel bestimmter Stoffe in der Nahrung liegt? Man darf natürlich nicht aus einem Extrem ins andere fallen und nun alles mit einer Mangelnahrung erklären wollen. Nichts wäre falscher als das. Aber wir müssen uns bewußt sein, daß der allgegenwärtige Faktor unserer Umwelt, die Nahrung, auch auf unsere Psyche wirkt. Diese Wirkung beginnt bei dem Wohlgefühl, den ein mit allen notwendigen Lebens- und Nährstoffen ausreichend versorgter Körper verleiht, und endet bei den schweren Fällen geistiger Degeneration, bei denen die Ernährung als ein geheimer Mitwirkender beteiligt ist.

Wer unter einer primitiven, völlig gesunden Bevölkerung gelebt hat, wird die Beobachtung von *Price* bestätigen, daß unter solchen Menschen in der Regel ein besonders hohes Maß von Ausgeglichenheit, von Beständigkeit, Freundlichkeit und Harmonie herrscht. Wenn man dann beim Wechsel der Kostform die entgegengesetzte Gemütsart die Herrschaft antreten sieht, billigt man mit *Price* der Nahrung einen Anteil an dieser Veränderung zu. Bei Laboratoriumstieren hat man beobachtet, wie reichlich gefütterte Ratten bissig und zänkisch sind, wenn ihrer Nahrung bestimmte Stoffe fehlen, während eine vollwertig ernährte Rattenkolonie fast immer ein Bild des Friedens bietet. Der Mensch mit seinen sittlichen Kräften, seinen ethischen Lehren, seinen Traditionen und seinem starken Willen ist weniger ein Spielball solcher Kräfte. Aber manchmal könnte es vielleicht nicht schaden, wenn seine Verträglichkeit auch von dieser Seite gestärkt würde.

Price hat sich eingehend auch mit den Fragen der geistigen Degeneration beschäftigt. Er hat Untersuchungen in Gefängnissen, in Pflegeanstalten und Hilfsschulen durchgeführt und die Lebensgeschichten der Kriminellen, der Asozialen und der Geistesschwachen erforscht. Es kam *Price* vor allem darauf an, bei konstitutionell bedingten Schwächen und Anlagen zu erforschen, ob angeborene Ernährungsschäden bei ihrer Entstehung mitspielen. Viele Befunde scheinen diese Frage zu bejahen, wenn auch noch nichts Abschließendes gesagt werden kann. Dazu sind die Zusammenhänge zu verwickelt und noch zu wenig erforscht. In der Gefährdetenschule in Cleveland ergaben die Untersuchungen von *Price*, daß fast sämtliche Kinder deformierte Zahnbögen hatten, jene Form der Entartung, die *Price* als Folge des Kostwechsels bei den Primitiven festgestellt hatte. Ähnliche Beobachtungen hat er über seine Untersuchungen in Strafanstalten und Heilanstalten mitgeteilt. Mißbildungen des Gaumens, wie sie *Price* oft als Folge des großen Ernährungsexperiments der Zivilisation fand und wie sie im Tierexperiment durch Vitaminmangel der Mutter hervorgerufen werden, finden sich weit häufiger bei Geistesschwachen (82%), bei Epileptikern (70%), bei Geisteskranken (80%) und bei Kriminellen (55%) als beim Durchschnitt der Bevölkerung in den Vereinigten Staaten (19%).

Es darf natürlich niemals aus solchen Mißbildungen auf geistige oder sittliche Defekte geschlossen werden, das wäre ein unverzeihlicher Trugschluß. Das, was aus dem häufig gleichzeitigen Auftreten solcher Anomalien und offensichtlicher Gehirnschädigungen gefolgert werden kann, ist nur die wahrscheinlich gemeinsame Ursache.

Uns nährt die Erde

Wer sich zum erstenmal auf das Gebiet der Ernährungswissenschaft begibt, wird vielleicht bald der entschwundenen Ahnungslosigkeit nachtrauern. Wieviel Regeln muß man beachten, um mit gutem Gewissen speisen zu können? Vielleicht wird sich der von den neuen Erkenntnissen aufgeschreckte Mensch wie ein verzweifelter Kanufahrer vorkommen, der in fremdem Gewässer von zahlreichen Warnrufen verwirrt wird. Rechts soll er sich vor den Strudeln der Degeneration und links vor den Riffen des Kalorienüberflusses in acht nehmen. Vorne zeigt ein Leuchtturm Gefahren an, und von hinten nähert sich ein Unwetter, wie ihm ein Sachverständiger verkündet.

Sollen wir mit dem Reagenzglas und der Milligrammwaage kochen oder uns Vitamin- und Kalktabletten aus der Apotheke holen? – Solche Fragen und Empfindungen sind gewiß berechtigt, wenn wir einen Blick auf die Vielzahl der lebenswichtigen Stoffe werfen und dazu noch erfahren, daß die gleichen Lebensmittel keineswegs gleichwertig sind. Butter ist nicht Butter, und der biologische, also gesundheitliche Wert einer Kartoffel kann von dem einer anderen sehr verschieden sein.

Es soll hier keine Ernährungslehre gegeben werden, aber es scheint nötig, sich an dieser Stelle der Bedeutung und Ordnung der Begriffe zu erinnern, um den Zusammenhang klar überschauen zu können.

Die Grundnährstoffe, die Kalorienträger, die Energiespender sind Eiweiß, Kohlehydrate und Fette. Als Aufbaustoffen kommt den Mineralien eine bisher oft unterschätzte Bedeutung zu. Der menschliche Körper enthält im Durchschnitt etwa 0,84 kg Kalzium, 0,48 kg Phosphor und in geringeren Mengen Kalium, Natrium, Chlor, Schwefel, Magnesium und Eisen. Spurenelemente mit physiologischen Funktionen sind Jod, Kobalt, Kupfer, Mangan, Silicium, Zink. Ob auch noch andere Spurenelemente Aufgaben im Stoffwechsel haben, ist nicht sicher. Zu den lebenswichtigen Bestandteilen unserer Nahrung gehören ferner die Wirkstoffe, eine etwas unbestimmte, wissenschaftlich nicht genau abgrenzbare Stoffgruppe. Viele dieser Substanzen sind noch wenig bekannt, und es gibt zweifellos auch noch nicht entdeckte Wirkstoffe. Die Vitamine bilden unter den Wirkstoffen eine besondere Gruppe.

Eine Erwähnung verdienen auch die Aminosäuren, von denen einige zwanzig bekannt sind, Bausteine des Grundstoffes Eiweiß. Warum diese Bausteine lebenswichtig sind und wie sie wirken, ist noch keineswegs in allen Einzelheiten erforscht.

Die Nährstoffe, die Mineralien, die Spurenelemente und die Wirkstoffe stehen in vielfältigen Beziehungen zueinander. Jeder Stoff hat eine oder mehrere Aufgaben, aber er kann sie meist nur in harmonischer Verbindung mit anderen Stoffen lösen. Für die Gesundheit des Organismus ist ein bestimmtes, gut ausgewogenes Mengenverhältnis der Bestandteile der Nahrung nötig, und es sind manchmal winzige Mengen, die große Wirkungen haben. Eine vollwertige Nahrung ist wie ein kunstvoll aus vielen verschiedenartigen Fäden gewebter Teppich. Lösen wir ihn in seine Bestandteile auf, so besteht kaum Hoffnung, ihn wieder in der ursprünglichen Form, im alten Muster zu rekonstruieren. Als einfaches Beispiel für die sehr komplizierten Zusammenhänge mag das Vitamin D erwähnt werden, das neben anderen Funktionen auch die Verwertung von Kalzium und Phosphor regelt; fehlt es im Organismus, so können sich Knochen und Zähne auch dann nicht gesund entwickeln, wenn die Nahrung ausreichende Mengen dieser Mineralien enthält.

Eine vollwertige Nahrung wird daher immer natürlich sein, d. h. die von der Natur hervorgebrachten Nahrungsmittel müssen in ihren Bestandteilen so weit wie möglich unverändert bleiben. Wer da glaubt, in der Küche jeden Ernährungsfehler machen zu können, weil die Apotheke ihm alle Ergänzungen liefert, wird sich bald vor einer unlösbaren Aufgabe sehen, die sogar der Nahrungsmittelchemiker nicht meistert.

Seit wir manche Wirkstoffe synthetisch herstellen können, gibt es die Streitfrage, ob sie den natürlichen gleichwertig seien. Aber es ist ein Streit um das Unwesentliche. Vitaminpräparate und andere synthetisch hergestellte Heilmittel können in der Hand des Arztes unschätzbar sein. In vielen Fällen wird ihre höhere Konzentration bei vorhandenem Mangel im Augenblick wirkungsvoller sein als eine in der Natur vorkommende Verbindung. Aber von akuten Krankheiten abgesehen, werden diese isolierten Stoffe vollwertige Nahrungsmittel niemals ersetzen können, weil es ja nicht auf die Reinheit eines Stoffes, sondern auf seine Verbindung mit anderen Substanzen ankommt. Ohne Zweifel schafft die Natur in der Pflanze und im Tier ähnliche Verbindungen und Zusammensetzungen, wie sie auch der Mensch zum Wachsen und Gedeihen nötig hat. Darum sichert unsere Gesundheit der fruchtbare Boden und nicht die chemische Fabrik.

Wer den natürlichen Stoffen den Vorzug vor synthetisch hergestellten gibt, setzt sich dem Vorwurf des Mystizismus durch manche Wissenschaftler aus. Aber es liegt nichts Mystisches in der Erfahrung, auch dann nicht, wenn unsere Kenntnisse noch nicht ausreichen, sie wissenschaftlich zu erklären. Als es gelang, das Vitamin C preiswert synthetisch herzustellen, konnte man sich fragen, warum man noch die vitaminreichen Orangen essen solle. Viel später, jetzt erst haben amerikanische Ärzte festgestellt, daß die Zitrusfrüchte neben Vitamin C auch Hesperidin enthalten und erst beide Stoffe zusammen bei Entzündungen und anderen Krankheiten die beste Heilwirkung haben. [48]) So ist es nicht verwunderlich, wenn es weder *McCarrison* noch anderen Forschern bei ausgedehnten Tierversuchen gelang, eine durch synthetische Stoffe ergänzte Nahrung zu kombinieren, die der natürlichen ebenbürtig ist. [40]) Auch bei klinischen Beobachtungen sind ähnliche Erfahrungen gemacht worden. Der amerikanische Arzt Dr. *Wayne Brehm* hat zum Beispiel an einer großen Zahl von Fällen nachgewiesen, daß die Verabfolgung von synthetischem Vitamin D und Kalkpräparaten an schwangere Frauen Gesundheitsschäden hervorrufen kann, die bei natürlichen Heilmitteln wie Dorschlebertran ausbleiben. [17])

Da es uns indessen hier nicht um wissenschaftliche Streitfragen geht, genügt die Feststellung, daß es aussichtslos ist, die Zivilisationsleiden, die langsamen, schleichenden Prozesse der Degeneration durch Tabletten und Präparate beseitigen zu wollen. Man gäbe sich einer Illusion hin, wollte man unsere denaturierte Nahrung durch Vitamingaben vollwertig machen. Wer bei weißem Brot und poliertem Reis bleibt – um ein Beispiel zu nennen –, kann durch Präparate vielleicht einiges bessern, aber er kann nicht erwarten, eine vollwertige Ernährung zu erreichen.

Die gleichen Nahrungsmittel sind nun keineswegs immer von gleichem biologischem Wert. Der hohe gesundheitliche Wert der Milch ist bekannt. Aber es gibt Fälle, in denen die Milch so arm an Vitamin A ist, daß die mit ihr gefütterten Kälber eingehen. Gewiß ist das ein Extrem, aber es deutet an, daß es eine lange Stufenfolge der Werte eines Nahrungsmittels gibt. *Price* war auf diese immer wichtiger werdende Frage durch seine Untersuchungen der Butter gekommen. Viele Jahre lang ließ *Price* sich alle zwei bis vier Wochen Proben von frischer Butter aus aller Welt schicken, aus fast allen Staaten Nordamerikas, aus Kanada, Brasilien, der Schweiz, Neuseeland und Australien. Was ihm zunächst auffiel, war der sehr wechselnde Gehalt an Vitamin A. Welche Faktoren mochten ihn bestimmen?

Die zweite wichtige Entdeckung, die *Price* seinen Untersuchungen der Butter verdankte, war die Feststellung eines neuen fettlöslichen Wirkstoffes. Zunächst schien es sich um das Vitamin D zu handeln, aber eingehende Untersuchungen zeigten, daß beide Wirkstoffe nicht identisch waren. *Price* nannte den neuen Wirkstoff X und beschrieb ihn wie folgt: „Dieser Wirkstoff spielt eine wesentliche Rolle bei der vollen Auswertung der den Körper aufbauenden Mineralstoffe; er kann im Butterfett der Milch der Säugetiere nachgewiesen werden, im Rogen der Fische und in den Organen und im Fett von Tieren; in höchster Konzentration findet er sich in der Milch der Rentiere und in wechselnder Menge in der Milch verschiedener Tiergattungen, je nach der wechselnden Nahrung der Tiere; schließlich ist er auch in der Muttermilch enthalten und ist für das Wachstum des Kindes von Bedeutung."

Die gute Wirkung des schon erwähnten Butteröls bei der Bekämpfung der Zahnkaries schreibt *Price* hauptsächlich diesem Wirkstoff X zu. Im Tierexperiment konnte er die rasche und gründliche Heilung der Rachitis durch geringe Gaben dieses „Buttervitamins" nachweisen.

Wann ist unsere Butter an diesem Wirkstoff und an Vitamin A am reichsten? Die im Frühjahr gewonnene sogenannte Grasbutter enthält durchschnittlich ein Vielfaches des Normalen dieser wichtigen Stoffe, verglichen mit ihrem Gehalt in den anderen Jahreszeiten. Die kräftige gelbe Farbe, der aromatische Duft, der gute Geschmack und ihre Weichheit unterscheiden sie deutlich von der Winterbutter. Im Laboratorium zeigt sich, daß sie 20 und 40mal, ja 50mal mehr Vitamin A enthält als die farblose Butter des Februars. Ähnlich verhält es sich mit dem Gehalt an dem Wirkstoff X. Die Butter der gleichen Kühe aus der Gegend von Hereford in Texas enthielt nach den Untersuchungen von *Price* im Februar 0,1, im März 18,0 und im April sogar 32,0 Einheiten dieses Wirkstoffes. Der Gehalt ist abhängig von der Nahrung der Kühe. Das rasch wachsende Gras auf den Weiden im Frühjahr bietet den Kühen die höchsten Werte. Magere Weiden oder Stallfütterung mit schlechtem Heu von geringem Karotingehalt sichern weder die Gesundheit der Kühe noch ihrer Kälber und machen die Milch biologisch minderwertig, auch wenn sie einen hohen Fettgehalt besitzt.

So bietet sich hier ein eindrucksvolles Beispiel für den Zusammenhang der Gesundheit von Pflanze, Tier und Mensch. Auch über den Umweg des Tieres nährt uns die Erde mit ihren Stoffen, und was sie dem Tier nicht zu geben vermag, wird auch uns in der Nahrung fehlen. Wir kennen den Vitaminmangel, der sich im Winter und besonders in den ersten Monaten des Jahres bemerkbar macht. Im allgemeinen hat man dabei nur das Vitamin C im Auge und führt seinen Mangel auf den geringeren Verzehr von Früchten und grünen Gemüsen zurück. Nun zeigen die Butteruntersuchungen von *Price*, wie sich die jahreszeitlichen Schwankungen des Wirkstoffgehalts der Pflanzen auch auf ein tierisches Produkt wie die Butter erstrecken. Wenn man die Rolle der Wirkstoffe als Schutzstoffe der Gesundheit betrachtet, so läßt sich vermuten, daß ihr jahreszeitlich bedingter Rückgang zu gehäuften Krankheiten führt.

Für sechzehn Viehzucht treibende Staaten Nordamerikas hat *Price* die auf- und absteigenden Kurven des Wirkstoffgehalts der Butter mit den Kurven der Sonnenbestrahlung und jener der Sterbefälle verglichen. Den letzteren legte er nur zwei Todesursachen, Herztod und Lungenentzündung, zugrunde, da sie in engem Zusammenhang mit dem Allgemeinbefinden des Menschen stehen. Betrachtet man diese Kurven, so ist man verblüfft über den Zusammenhang der biologischen Wertigkeit der Nahrung mit dem durch die Todesfälle demonstrierten Gesundheitszustand der Bevölkerung. Wenn der Gehalt der Butter an Vitamin A und dem

Wirkstoff X steigt und damit anzeigt, daß der Pflanzenwuchs reich an Schutzstoffen ist, dann geht die Todeskurve abwärts. In den südlichen Staaten gibt es zwei sich deutlich abzeichnende Gipfel der Schutzstoffkurve, zumeist im April und dann nochmals im August. Unmittelbar vor dem ersten steilen Anstieg ist die Zahl der Todesfälle am größten, also der Gesundheitszustand auf seinem tiefsten Punkt. In den nördlichen Staaten rücken die beiden Gipfel näher zueinander, in Kanada erreichen sie im Juni und September ihre größte Höhe. Die chemische Untersuchung des Grases ergänzt diese Beobachtungen. Im Süden erreicht das Gras schon früh im Jahr seinen höchsten biologischen Wert, in New Mexiko, Texas, Oklahoma im März. Dann schiebt sich die Zone optimaler Gesundheit nordwärts und erreicht im Norden ihre absolut höchsten Werte. Im Herbst rückt sie wieder südwärts. Diesem stetigen Wechsel sind einst die großen Büffelherden auf den Prärien Nordamerikas gefolgt. Und *Price* vermutet, daß auch die Züge vieler Vögel auf diese rhythmischen Schwankungen des biologischen Wertes der Nahrung zurückzuführen sind.

Man muß sich natürlich auch hier vor jeder Einseitigkeit und jedem Kurzschluß hüten. Auch wenn der Anstieg des Schutzstoffgehalts der Nahrung mit dem Fallen der Sterblichkeitskurve immer wieder übereinstimmt, so wäre es doch eine törichte Vereinfachung, den Wirkstoffmangel einfach als „Ursache" gehäufter Todesfälle zu bezeichnen. Aber diese Beobachtungen weisen ebenso wie die Erfahrungen bei den Primitiven darauf hin, daß man die Bedeutung des biologischen Wertes der Nahrung für die Gesundheit des Menschen im allgemeinen unterschätzt hat. Allzu leicht ist der moderne Mensch inmitten seiner mechanisierten und standardisierten Umwelt geneigt, sich unabhängig von allen natürlichen Bedingtheiten des Lebens zu wähnen. Aber je weiter wir uns von den Ursprüngen entfernen, um so notwendiger erscheint es, sich nicht nur der doch letztlich unauflösbaren Zusammenhänge bewußt zu sein, sondern sie auch zu erforschen.

Noch einen anderen wichtigen Hinweis geben die Butteruntersuchungen von *Price*. Der biologische Wert der Butter, also ihr Gehalt an Vitaminen oder Schutzstoffen, erreicht im Norden im allgemeinen einen höheren Gipfel als im Süden. Noch auffälliger ist der Unterschied zwischen den schon am längsten kultivierten Staaten Nordamerikas und jenen Gebieten, die erst seit verhältnismäßig kurzer Zeit unter dem Pfluge sind. In diesen letzteren ist der Vitamingehalt weit höher. Es sind dem Boden also Stoffe entzogen worden, die er nicht mehr ersetzen kann, und dieser Mangel wirkt sich in der geringeren biologischen Wertigkeit der Pflanzen aus. Offenbar ist unsere Gesundheit auch von dieser Seite bedroht. Wir brauchen nicht zu fürchten, hungern zu müssen, aber wir können uns nicht mehr darauf verlassen, daß wir ausreichend mit allen für unser Gedeihen notwendigen Stoffen versehen sind, wenn wir uns gesättigt fühlen. Das Sattsein des wild lebenden Tieres und das Sattsein des Menschen der Zivilisation sind zwei sehr verschiedene Zustände. Es ist so erstaunlich, daß Wissenschaft und Praxis nicht schon längst hinter diese Geheimnisse gekommen sind, daß man geneigt ist, an der Stichhaltigkeit solcher Beobachtungen zu zweifeln. Aber das Denken in Quantitäten und in technischen Begriffen hat die Einsicht in biologische Vorgänge erschwert und verwirrt und ein frühzeitiges Erkennen dieser Zusammenhänge verhindert.

In der Zeitepoche, in der die Industrialisierung und der technische Fortschritt wie ein Rausch über die Menschen kamen, verglich man den Organismus mit einer Maschine oder einer Fabrik. Und diese absurde Vorstellung spukt heute noch, manchmal unbewußt, in den Köpfen. Man dachte sich, daß es genüge, der menschlichen Maschine Brennstoff unter den Kessel zu schaufeln, und wenn sie dann liefe, wäre alles in Ordnung. Jede empfindliche Maschine, die so unsachgemäß beheizt und behandelt würde, wäre längst unbrauchbar geworden und keiner Reparatur mehr wert. Anders als die Maschine kann sich der Organismus zwar einem chronischen Mangel anpassen, aber um weiterbestehen zu können, muß er Einsparungen vornehmen, was Verkümmerung und Krankheit bedeutet.

Wandert man vom amerikanischen Mittelwesten ostwärts, also in umgekehrter Richtung, wie die Besitznahme und Kultivierung des Kontinents einst erfolgte, so beobachtet man eine merkbare Zunahme der degenerativen Krankheiten der Haustiere. Ein ähnliches Ansteigen der Degeneration des Viehs hat die Wissenschaft in der Richtung vom Mittelwesten nach Südosten festgestellt. Je länger die Böden in Nutzung und Kultur sind, um so mehr verarmen sie bei der heute üblichen Wirtschaftsweise an Mineralstoffen und Spurenelementen. *Price* hat zum Beispiel in einer Veröffentlichung darauf hingewiesen, daß der Kalziumgehalt auf den Weiden Arizonas nur 0,17%beträgt, in Pennsylvania aber 1,9% und in British Columbia sogar 2%. Ähnliches gilt für den Phosphor, dessen Anteil im Boden zwischen 0,03% und 1,8% schwankt.

Wendet man sich den Spurenelementen zu, so wird besonders deutlich, wie sehr wir von der natürlichen Zusammensetzung unserer Nahrung abhängig sind. Denn über den Bedarf des Menschen an diesen Stoffen ist weit weniger bekannt als über den Bedarf an Vitaminen. Die Wissenschaft vermag in sehr vielen Fällen nicht zu sagen, wann die Versorgung mit den verschiedenen Spurenelementen ausreichend oder optimal ist und welche Folgen ein Mangel oder eine Überdosierung hat.

Als Beispiel sei die aktuelle Diskussion über die Fluorisierung des Trinkwassers zur Kariesbekämpfung erwähnt. Fluor ist ein Stoff von äußerster Giftigkeit, der in der Natur nur in geringen Spuren vorkommt. Es ist bekannt, daß dort, wo bei industriellen chemischen Prozessen fluorhaltige Abgase entstehen und nicht gebunden werden, wie das in den letzten Jahren im Aluminiumwerk Rheinfelden der Fall war, in weitem Umkreis schwere Schäden an Wiesen, Feldern und Obstbäumen entstehen und auch das Vieh vergiftet wird. Nun haben Versuche in den Vereinigten Staaten erwiesen, daß eine Fluorisierung des Wassers den Rückgang der Zahnkaries bei Kindern um etwa 30% herbeiführen kann. Man verzichtet also bei dieser Behandlungsart darauf, die Ursachen der Zahnkaries zu finden bzw. zu bekämpfen, und sucht statt dessen die Zähne rein äußerlich „durch einen unsichtbaren Mantel von Fluor zu schützen, ähnlich einem Niederschlag von Silbernitrat" – um ein Wort des amerikanischen Wissenschaftlers *Atkins* zu zitieren. Das eigentliche Problem beginnt erst bei der Frage der Dosierung. Wir wissen heute, daß der moderne Mensch weniger durch die heftigen akuten Krankheiten bedroht ist als durch die unheimlichen, sich im Verborgenen vorbereitenden Krankheitsgeschehen, die oft erst sichtbar werden, wenn es zu spät ist. Es kann sich dabei um die Wirkung einer Unterdosierung, also eines Mangels, aber auch um eine Überdosierung, um eine Giftwirkung handeln.

Legt man Maiskörner zum Keimen in destilliertes Wasser und fügt dem Wasser Fluor in äußerst geringer Menge bei (10 : 1 000 000), so wirkt dieser Zusatz wuchsfördernd. Aber schon ein

Anteil von 20 Teilen Fluor in 1 Million Teilen Wasser läßt den Mais verkümmern und degenerieren. Der Schritt von der Heilwirkung zur Vergiftung ist hier also sehr klein. *Price* berichtet über Gebiete in Nordafrika, in denen das Wasser einen ungewöhnlich hohen Gehalt an Fluor hat. Zwar sind es nur wenige Millionstel Prozent, aber diese winzige Dosis genügt, um Knochen und Zähne zu schädigen. Auch die Zähne der Kamele, der Schafe, Ziegen und Pferde werden in diesen Gebieten so brüchig, daß sie schon bei geringer Beanspruchung brechen und die Tiere unfähig werden, ihr Futter zu kauen.

Wie würde sich eine allgemeine Fluorisierung des Wassers auswirken? Vielleicht würde die Zahnkaries um ein Drittel zurückgehen. Aber wann würde das Fluor als Gift zu wirken beginnen? Nach welcher Zeitspanne? Was würde geschehen, wenn bei langdauernder Hitze mehr getrunken und damit mehr Fluor aufgenommen würde? Wie würde sich der erhöhte Fluorgehalt aller Getränke bei Krankheiten, in der Schwangerschaft, in Zeiten besonderer Belastungen des Stoffwechsels auswirken? – Das sind alles Fragen, auf die es keine Antwort gibt. Die Tatsache, daß die Fluorisierung des Trinkwassers ernsthaft diskutiert werden kann, zeigt schlagartig, wie heillos verwirrt unsere Vorstellungen vom Lebendigen sind. Wir bilden uns ein, außerhalb der biologischen Gesetze zu stehen und einen aus ihrer Mißachtung entstehenden Schaden durch ein lokal vielleicht günstig wirkendes Mittel bessern zu können. Die Nebenwirkungen einer solchen radikalen Maßnahme kümmern uns nicht, solange sie nicht sofort und offen zutage treten. Vielleicht werden die Folgen einer allgemeinen Fluorisierung des Wassers keine speziellen Symptome aufweisen und daher gar nicht auf ihre wirkliche Ursache zurückgeführt werden. Sie werden dann einfach die allgemeinen Degenerationserscheinungen vermehren.

Lehrreich für die Wirkung einer natürlichen Nahrung in ihrer „Ganzheit" sind die Beobachtungen, die der amerikanische Forscher *McKenzie* bei Versuchen mit Schweinen gemacht hat. [71]) Ein Eber, dessen Spermatozoen zu einem hohen Prozentsatz entartet waren, deckte zwei Gruppen von Sauen der gleichen Zucht. Beide Gruppen wurden in gleicher Weise ausreichend ernährt, doch blieb die eine Gruppe im Stall, während die andere Zugang zu einer Weide hatte. Bei den Würfen aller Stalltiere wirkte sich die erbliche Belastung stark aus. Die Würfe waren klein, es gab viele Totgeburten, und zahlreiche Ferkel waren degeneriert (offene Bauchwände mit Vorfall der Eingeweide, ein im Bereich der Lumbalwirbel bloßgelegtes Rückenmark). Bei den Weidetieren war die Zahl der Ferkel normal, es gab keine Totgeburten und keine Mißbildungen. Im nächsten Jahr wurde der Versuch wiederholt, doch wurden die Gruppen ausgewechselt. Die Weidetiere kamen in den geschlossenen Stall, und die andere Gruppe erhielt den Zugang zur Weide. Der Prozentsatz der geschädigten Spermatozoen des Ebers war der gleiche. Und wieder hatten die Weidetiere normale Würfe, während sich bei den Stalltieren die Erbschäden erneut in der vorherigen Weise auswirkten. Die von den Weidetieren auf der Weide zusätzlich aufgenommenen Mineralien, Spurenelemente und Vitamine hatten offensichtlich die Erbschädigung ausgeglichen. Daß das Vitamin A hierbei eine Rolle spielte, machen andere Beobachtungen wahrscheinlich. Aber welche weiteren Stoffe dazu nötig waren, um eine gesunde Nachkommenschaft trotz des kranken Ebers zu erreichen, läßt sich im einzelnen nicht feststellen. Wir sind also auch hier auf den von der Natur zusammengestellten Speisezettel angewiesen.

Das Tier besitzt im allgemeinen einen Instinkt für den Wert einer Nahrung und auch für die Stoffe, die ihm gerade fehlen. *McCarrison* setzte Ratten, die nicht ausreichend Vitamin B_1 erhalten hatten, zwei Futtermischungen vor, die ganz gleich waren bis auf den Gehalt an Vitamin B_1.[40]) Obgleich der Zusatz an Vitamin so gering war, daß es weder geschmeckt noch gerochen werden konnte, bevorzugten die Tiere nach wenigen Versuchen die an Vitamin B_1 reichere Kost. Offenbar spürten sie bald, daß sich ihr Wohlbefinden bei der vitaminreicheren Kost hob.

Ähnliche Erfahrungen hat *Price* mit Küken machen können. Die Küken wurden mit reiner Körnernahrung aufgezogen, doch erhielten sie täglich 3 Näpfe mit Butter von verschiedenem biologischem Wert vorgesetzt. Die eine Butter war reich an Vitamin A und dem Wirkstoff X, die andere nur an Vitamin A, und der dritte Napf enthielt eine Butter, deren Gehalt sowohl an Vitamin A wie an Wirkstoff X gering war. Die Stellung der Näpfe wurde immer wieder geändert, so daß sich die Küken nicht an einen bestimmten Futterplatz gewöhnen konnten. Bei einer Versuchsdauer von 57 Tagen erwies es sich, daß die Küken die Butter aus dem erstgenannten

Napf, also die an Vitamin A und Wirkstoff X reichste, immer bevorzugten. Der Verbrauch dieser Butter war zweieinhalbmal so hoch wie der aus dem Napf mit geringerem Wirkstoffgehalt. *Price* bemerkt dazu, daß er und seine Mitarbeiter die Buttersorten nur bei der Untersuchung im Laboratorium unterscheiden konnten.

Diesen Instinkt, diesen besonderen Sinn für den biologischen Wert der Nahrung besitzt der Mensch nicht. Auch der primitive Mensch scheint ihn nur in beschränktem Maße zu haben. Seit wir die vertraute Umwelt der Vorfahren verlassen haben, in der sich eine überlieferte Kostform in Jahrhunderten bewährt hatte, und den Weg des wissenschaftlichen Erkennens beschritten, bleibt uns nichts, als diesen Weg weiterzugehen und forschend in die Geheimnisse der Ernährung und des Stoffwechsels einzudringen, wenn wir gesund bleiben wollen.

Das Problem der sogenannten Zivilisationskrankheiten ist von der Frage des biologischen Wertes unserer Nahrungsmittel nicht zu trennen. Für die Landwirtschaft entsteht hier eine immer zwingender werdende Aufgabe. Heute sehen der Landwirt und die Hausfrau noch allzu sehr auf die Menge und nicht auf den Wert der Lebensmittel. Es ist leicht, einen üppigen Spinat durch einseitige Düngung zu erzielen. Aber er wird arm an Vitaminen, an Mineralien und Spurenstoffen sein; ihm wird gerade das fehlen, was wir für unsere Gesundheit brauchen. Und das gleiche gilt für alle pflanzlichen Nahrungsmittel ebenso wie für Milch, Fleisch und Fett unserer Haustiere.

Bis zu einem gewissen Grade kann die Hausfrau prüfen, unterscheiden und wählen und dadurch auch den Produzenten und den Handel beeinflussen. Aber im ganzen liegt hier eine wichtigste Aufgabe der Allgemeinheit vor. Die Zukunft wird zeigen, ob sie gesehen und gelöst werden wird.

Aber für die Gegenwart und für den einzelnen wird es im Angesicht der fragwürdig gewordenen Qualität unserer Nahrung um so notwendiger, sich die Erfahrungen der Primitiven zunutze zu machen und jene Sicherheitsfaktoren, jenes Mehr an Schutzstoffen auf seine Speisekarte zu setzen. Weniger denn je können wir uns heute Ernährungsfehler leisten. Wer auf schmal gewordenem Grat wandert, muß sich vor jedem Fehltritt hüten.

Kein Grund zur Resignation

Als *Goethe* 1749 durch Ungeschicklichkeit der Hebamme „für todt auf die Welt kam“, aber durch vielfache Bemühungen dann doch dahin gebracht wurde, das Licht zu erblicken, hatte er das größte Hindernis einer langen Lebensdauer überwunden. Die durchschnittliche Lebenserwartung berechnet man für *Goethes* Jahrhundert auf etwa 30 Jahre. Aber war die Säuglingszeit überstanden, so mochte man dem Menschen seine 40 oder gar 50 Lebensjahre zubilligen. Die heute geborenen Kinder sind kaum gesünder und kräftiger als jene vergangener Zeiten, aber Medizin und Hygiene sind so fortgeschritten, daß die Säuglingssterblichkeit zu den fast völlig gebannten Gefahren gehört.

Und noch ein anderes großartiges Geschenk legt heute die Wissenschaft dem Neugeborenen in die Wiege: die Versicherung, daß die natürliche Lebenszeit nur im Ausnahmefall durch die fast schon historisch gewordenen Infektionskrankheiten – also vor allem Pest, Cholera, Pocken, Fleckfieber, Typhus, Diphtherie – ein frühzeitiges Ende finden wird. Der Lebensfaden, den die Norne spinnt, ist zwar nicht widerstandsfähiger geworden, aber unsere Fähigkeit, ihn vor dem Zerreißen zu behüten, hat merkbar zugenommen. Und so geben Medizin und Hygiene unserem Zeitalter die Chance, daß mehr Genies überleben und wir unser Leben 65 Jahre lang fortspinnen können.

Dem Geschenk der zusätzlichen Lebenszeit ist allerdings eine bittere Beigabe zugesellt. „In der Tat bezahlen wir die Lebensjahre, die wir durch die Unterdrückung der Infektionskrankheiten gewannen, mit physiologischem Zerfall und langsam sich hinziehendem schmerzhaftem Dahinsiechen an chronischen Leiden“ – wie es *Alexis Carrel* ausdrückt.[67])

Wenn wir uns beide Entwicklungen – die steigende Lebensdauer und den fallenden Gesundheitszustand – als Kurven vorstellen, so scheinen sie in einem geheimen Zusammenhang zu stehen. Zu dem Zeitpunkt, da die Kurve der Sterbefälle durch Infektionskrankheiten immer stärker abfällt, steigt die andere Kurve um so steiler an, jene Kurve, die das Anwachsen der zahlreichen Krankheiten anzeigt, die man unter dem etwas unbestimmten Sammelbegriff „Zivilisationskrankheiten“ zusammenfaßt, weil sie sich auf dem Boden der modernen Zivilisation in einer sonst nicht bekannten Weise ausgebreitet und verschärft haben.

Die beiden Kurven haben sich in ihrer gegensätzlichen Bewegung gekreuzt, und während die Todeskurve zu verharren scheint, denn die Infektionskrankheiten als Todesursache lassen sich kaum völlig ausrotten, steigt die Kurve unserer Kränklichkeiten weiter. Bedingt nun das Fallen der einen Kurve unvermeidlich das Steigen der anderen? Der Augenschein ist ein beredter Anwalt, und so haben sich viele Zeitgenossen resignierend damit abgefunden, daß wir eben die zusätzlichen Jahre mit zusätzlichen Leiden zu bezahlen haben. Aber stehen die beiden Vorgänge wirklich in so engem Zusammenhang, ist nicht vielleicht ein dritter Faktor am Werk, den wir übersehen oder in seiner Bedeutung falsch eingeschätzt haben?

Lassen wir noch eine dritte Entwicklung, einen gleichzeitig ablaufenden Vorgang, als weitere Kurve ins Bild treten, so wird sich uns eine andere Antwort aufdrängen. Es ist die Veränderung des biologischen Wertes unserer Nahrung.

Das Absinken des biologischen Wertes unserer Nahrung stimmt mit dem Sinken unseres Gesundheitsstandes durch Zivilisationsleiden weitgehend überein. Denn diese Leiden haben sich gleichzeitig und in gleichem Ausmaße ausgebreitet, wie wir lernten, unserer Nahrung einen Teil ihrer lebenspendenden Stoffe kunstvoll zu entziehen, sie zu bleichen, zu färben, zu aromatisieren, sie unbegrenzt haltbar zu machen und sie einfallsreich auf vielerlei andere Weise zu verändern. Unsere Kränklichkeiten stiegen mit unserer Fähigkeit, dem an Lebensstoffen verarmten Boden durch den Einsatz raffinierter technischer Mittel mengenmäßig immer größere Ernten abzupressen.

So haben wir drei Vorgänge vor uns, die ungefähr gleichzeitig eingesetzt haben und daher einen Zusammenhang vermuten lassen. Aber die Verflechtung von Ernährung und Gesundheitsstand ist, wie wir gesehen haben, viel enger und viel unauflöslicher als die Verbindung zwischen der verlängerten Lebenszeit und dem Anschwellen der Degenerationsleiden. Nicht zuletzt haben die Erfahrungen bei den Primitiven gezeigt, wie untrennbar Nahrung und Gesundheit sind und wie tiefgreifende Wirkungen der Wechsel von einer biologisch hochwertigen Nahrung zu einer Mangelnahrung hat. Zwar kennen wir alle möglichen Auswirkungen noch nicht, zwar können wir nicht in jedem Falle sagen, wie sich dieser oder jener Mangel bemerkbar macht, ja, was bei manchen Stoffen überhaupt Mangel ist, zwar mögen wir uns hier und da noch über die Zusammenhänge irren, aber das, was schon bekannt und sicher erwiesen ist, genügt, sich über eine Tatsache nicht mehr täuschen zu können: *Das große Ernährungsexperiment der Zivilisation ist mißglückt.*

Man hätte dieses Experiment nicht konsequenter durchführen können, wenn man sich bewußt vorgenommen hätte, zu erproben, wie weit sich die Ernährung willkürlich nach wirtschaftlichen, technischen, organisatorischen und modischen Gesichtspunkten verändern läßt, ohne daß man auf die biologischen Voraussetzungen des Lebens Rücksicht nimmt. Diesem Versuch lag eine so naive Vorstellung zugrunde, wie sie nur im Zeitalter der Technik allgemeine Geltung finden konnte: Die Nahrung soll satt machen, für das Gesundmachen ist die Arznei und ist der Arzt da.

Die kläglichen Ergebnisse des Ernährungsexperiments sind heute so offensichtlich, daß man sich nicht mehr einbilden kann, mit einem willkürlichen Sattmachen eine Generation oder gar eine Folge von Generationen gesund zu erhalten. Aus den Bestandteilen der Nahrung baut der Organismus seine Gesundheit auf, und die heute für die Zivilisation typische Kost kann eine vollkommene Gesundheit weder schaffen noch erhalten, wie gerade die Beobachtungen von *Price* überall in der Welt gezeigt haben.

Unschädliche Lebensmittel! Diese so häufig verwendete, irreführende Etikettierung stellt die Ahnungslosigkeit unserer Zeit bloß. Gewiß sind denaturiertes Mehl und raffinierter Zucker zunächst scheinbar unschädlich. Aber hat die Nahrung nicht noch andere Aufgaben, als unschädlich zu sein? Wie die Folgen eindeutig beweisen, sind diese unschädlichen Lebensmittel auf die Dauer weit schädlicher als eine einmalige Giftdosis, die den Menschen vorübergehend sichtbar krank macht.

Raffinierter Zucker ist „unschädlich“, aber wenn er ein Viertel des Kalorienbedarfs des Menschen deckt, wie es in den Vereinigten Staaten zutrifft, dann bedeutet das die Einschränkung des Verbrauchs vollwertiger Nahrungsmittel und damit einen unvermeidlichen Mangel an Wirkstoffen, Mineralien, Spurenelementen. Die Schädigung liegt oft nicht in dem, was man ißt, sondern in dem, was man *nicht* ißt.

Die moderne Mangelnahrung – wirkungsvoll als üppiges Menü getarnt – hat uns Schritt für Schritt in einen Morast von Kränklichkeiten geführt. Wenn uns jetzt, in zwölfter Stunde, unbehaglich zu werden beginnt und wir uns fragen, welcher Ausweg sich bietet, so sollte man sich zuerst überlegen, wie wir überhaupt auf diesen Irrweg gekommen sind. Denn die gleichen Voraussetzungen, die uns so weit gebracht haben, halten uns auch im Morast fest.

Wir hatten es bisher mit Tatsachen und rein sachlichen Zusammenhängen zu tun. Um die Frage nach dem Wie und Warum des Ernährungsexperiments zu beantworten, müssen wir uns zwangsläufig auf den etwas schwankenden Boden der Meinungen und Anschauungen begeben, denn in der Einstellung des Menschen zum Leben und seinen Werten liegt der Schlüssel zum Verständnis der gestellten Fragen.

„Der Lebensstandard eines Volkes ist die Kaufkraft seines Einkommens, ausgedrückt in Geld." [73]) – Das können wir in jedem volkswirtschaftlichen Buch nachlesen, und dieser in Geld meßbare Lebensstandard ist zum Maß und Ziel menschlicher Zufriedenheit geworden. „Das Ergebnis von 150 Jahren technischen Fortschritts ist eine Verdoppelung des durchschnittlichen Nahrungsmittelverbrauchs, eine Verhundertfachung des Verbrauchs an Industrieprodukten ..." [73]) Was wollen wir mehr? Ist die Verhundertfachung der Produktion von Arzneimitteln nicht auch ein erfreulicher wirtschaftlicher Erfolg? Wenn in England *täglich* 10 Millionen Aspirintabletten hergestellt werden, ist auch das ein Beitrag zum Steigen des Lebensstandards. [13])

Die Nahrungsmittelproduktion ist ein „Sektor" der Wirtschaft und daher gehalten, sich nach wirtschaftlichen Gesichtspunkten zu richten. Das fängt bei der Landwirtschaft an und hört in der Küche auf. Wer fragt nach Gesundheit, wenn der Lebensstandard steigt und die Lebensmittelproduktion dabei beteiligt ist?

Erst ein wirtschaftliches Moment, das gewaltige Ansteigen der öffentlichen und privaten Ausgaben für Gesundheitszwecke, hat die ersten schüchternen Zweifel daran geweckt, ob diese Entwicklung wirklich so wünschenswert sei. Wenn die Ausgaben für das Gesundheitswesen oder, richtiger gesagt, für die Kranken und Krankheiten in den Vereinigten Staaten bereits die Hälfte aller Ausgaben für Ernährung erreicht haben und weiter steigen, ohne den Gesundheitsstand zu heben, dann muß auch der Wirtschaftler aufmerksam werden. Sollte die Gesundheit auch eine Art Reichtum sein, und wäre es vielleicht billiger, einen hohen Gesundheitsstand einem ständig steigenden Lebensstandard vorzuziehen?

Wie sehr uns eine beschränkte und im Grunde unsinnige Denkungsart bei unseren unheilvollen Gewohnheiten der Versorgung und Ernährung festhält, sei an einem Beispiel gezeigt. Als der Handel merkte, daß der Verbraucher eine kräftig gelbe Butter bevorzuge, wußte er sich rasch zu helfen. Die Butter wurde chemisch gefärbt, und man fragte nicht viel danach, ob der Farbstoff „Buttergelb“ Krebs erzeugen könnte. Ganz anders reagierte die Wirtschaft, als sich erwies, daß die Butter in ihrem biologischen Wert sehr verschieden sein könne. Diese verschiedene Wertigkeit der Butter ergibt sich nicht nur aus den bereits erwähnten Untersuchungen über ihren wechselnden Gehalt an Schutzstoffen, sondern auch aus anderen Erfahrungen, wie z. B. denen von *Pottenger* und *Simonsen*. Bei ihren bekannten langjährigen Katzenversuchen erwies es sich, daß Katzen an starker Rachitis erkrankten, wenn sie ausschließlich eine Milch von Kühen erhielten, die mit Trockenfutter gefüttert waren. Das war sogar dann der Fall, wenn die Kühe zusätzlich zu ihrem Trockenfutter ultraviolettbestrahlte Hefe erhielten. Kam die Milch aber von Kühen, die mit Grünfutter genährt waren, so trat bei den Katzen keine Rachitis auf.

Price, immer ans Praktische und an tätige Hilfe denkend, hatte das ganze Material über die Ergebnisse der Butter- und Milchuntersuchungen einigen amerikanischen Molkereikonzernen vorgelegt und angeraten, die hochwertige Butter besonders zu kennzeichnen, damit sie zu Heilzwecken verwendbar sei. Die am Butterhandel interessierten Firmen lehnten ab und baten *Price*, von einer weiteren Aufklärung der Verbraucher über die verschiedene Wertigkeit der Butter abzusehen, da das nur Verwirrung stifte und aus technischen wie wirtschaftlichen Gründen Änderungen nicht möglich seien. Der Handel sei zudem gerade an einer Butter interessiert, die von Kühen stamme, die mit Trockenfutter gefüttert werden, denn diese Butter habe einen höheren Härtegrad. Die hochwertige gelbe Butter aus der Zeit des jungen, rasch wachsenden Grases sei für den Versand zu weich.

Es ist bezeichnend, daß in einem Fall, wo es sich nur um die Gesundheit handelt, ein technisches und organisatorisches Problem ungelöst bleibt, während wir dort, wo es um Profit, um Lebensstandard und technischen Fortschritt geht, keine unlösbaren Probleme kennen.

Aber es ist nicht nur das Beschränktsein des Denkens auf das wirtschaftlich Rentable, die eine durchgreifende Besserung unserer Ernährung erschwert. Es gibt auch eine Beschränktheit des wissenschaftlichen Denkens, die sich in gleicher Weise hemmend auswirkt. Die Ernährungsforschung war lange ein Stiefkind der Wissenschaft, und auch heute noch wird sie von vielen Medizinern als ein höchst verdächtiger Bastard betrachtet und behandelt. Man übersieht oft, daß der Mangel an mathematischer Exaktheit, der ihr in der Tat anhaftet, auch aus der Medizin im gesamten nicht fortzuhexen ist, weil der Vorgang, mit dem sie es zu tun hat, das Leben, niemals auf eine einfache Formel gebracht werden kann. Ein Rest von Geheimnis wird das Leben immer begleiten, soviel wir auch noch erforschen und erfahren werden. Es ist unsinnig und es hat sich gerade auf dem Gebiet der Ernährung als höchst verderblich erwiesen, wenn man nur das Bewiesene als vorhanden behandelt und alle Erscheinungen außerhalb der klaren wissenschaftlichen Erkenntnis unberücksichtigt läßt. Dann kommt man unwillkürlich dazu, einen Giftstoff so lange als unschädlich gelten und wirken zu lassen, bis seine Gefährlichkeit mehr oder weniger zufällig nachgewiesen wird, wie das zum Beispiel bei dem krebserzeugenden „Buttergelb" der Fall war. Dann kommt man auch dazu, das große Experiment der denaturierten Ernährung als noch nicht abgeschlossen zu betrachten, weil es in seinem ganzen Umfang wissenschaftlich noch nicht geklärt ist und vielleicht niemals völlig geklärt werden wird.

Man hat es der Ernährungswissenschaft oft übel genommen, daß sie mit Hypothesen arbeitete, und hat dabei übersehen, daß es ohne Hypothesen überhaupt keine Wissenschaft gibt. Durch Vergleich von Einzelfällen und durch planvolle Experimente sind wir heute schon zu gesichertem Wissen über die Wahrscheinlichkeiten von gestern gelangt. Aber diesem jungen Zweig der Wissenschaft haftet noch immer ein Odium der Fragwürdigkeit, ja des Unsoliden an. Selten hat sich die Unfruchtbarkeit des Skeptizismus so peinlich erwiesen wie bei der Nichtanwendung der Erkenntnisse der Ernährungsforschung.

Aber soviel wir heute auch wissen, die Diagnose von Ernährungsschäden wird auch für den Arzt immer schwierig bleiben, denn selten zeigen sie spezielle und eindeutige Symptome. Schleichende Krankheitsgeschehen geben dem fragenden Arzt auch nur zögernde und unbestimmte Antworten. Und so bleibt die Tür zum Zweifel immer offen. Allzu lange war in der praktischen Medizin „Diät" etwas, was nur Darm- und Magenkranken verordnet wurde.

Zudem entwickelte sich die Medizin in anderer Richtung als die Krankheiten: die Medizin spezialisierte sich immer mehr, was durch die riesige Zunahme des Wissens unvermeidlich war, aber die Krankheiten wurden allgemeiner, was vor allem auf die im Gefolge von Ernährungsschäden auftretenden Leiden zutrifft. So sind für jeden dieser „Fälle" eigentlich immer mehrere Spezialisten zuständig geworden.

Die Zähne zeigen oft eine chronische Störung des Stoffwechsels am ehesten und am sichtbarsten an. Man kann sie als Barometer betrachten, das ein den Menschen bedrohendes gesundheitliches Tief mit seinen vielerlei möglichen degenerativen Folgen ankündigt oder ein schwer zu erschütterndes Hoch der Gesundheit anzeigt. Man kann sich beim Sinken dieses Barometers warnen lassen und mit einer Vorbeugung der Zahnkaries auch anderen krankhaften Vorgängen vorbeugen. Aber wann geschieht das wirklich? Und wann räumt der Patient dem Arzt oder dem Zahnarzt den bestimmenden Einfluß auf seine Ernährung ein?

In all diesen komplizierten und verzwickten Verhältnissen, angefangen vom Vorherrschen wirtschaftlicher „Belange", liegen die wirklichen Hemmungen auf dem Wege zu einer besseren Gesundheit. Unser Wissen reicht aus, um die Degenerationsleiden weitgehend einzuschränken, in dieser Hinsicht gibt es keinen Grund zur Resignation. Aber hat der Mensch der Zivilisation auch den Willen, die gewonnenen Erkenntnisse anzuwenden?

Mehr als das bei anderen Forschungen der Fall ist, gehen die Ergebnisse der Ernährungswissenschaft die Allgemeinheit an. Denn sie sollen ja nicht erst dann angewandt werden, wenn unheilbare Schäden nach dem Arzt rufen. So steht am Anfang des Weges zu einer besseren Gesundheit die Notwendigkeit der Aufklärung. Die lähmende Mischung von Skeptizismus und Resignation, die abstumpfende Gewöhnung an Krankheitsbilder, das träge Festhalten an liebgewordenen Gewohnheiten und die vielen Widerstände im System der Zivilisation können nur überwunden werden, wenn die Bedeutung der Ernährung allgemein bekannt und anerkannt ist.

Sherman hat einmal ausgesprochen, daß die Ernährung jedermanns Abenteuer sei. Solange wir an dem großen Ernährungsexperiment teilnehmen, aber nicht wissen, wer die Speisen mischt und was denn eigentlich auf unseren Tisch kommt, ist dieses Abenteuer, wenn auch kein Spiel mit dem Tode, so doch ein Spiel mit dem Siechtum. Und so ist der Einsatz eines jeden hoch genug, die Beschäftigung mit dem Thema Ernährung notwendig erscheinen zu lassen.

Wenn von Aufklärung gesprochen wird, so scheint es wichtiger, daß der Mensch unserer Zeit sich seiner Situation auch im Hinblick auf Gesundheit und Nahrung bewußt wird, als daß er sich in tausend Einzelheiten verliert. Der Nahrungsüberfluß der hochzivilisierten Völker bedeutet, verglichen mit dem kargen Mahl der Primitiven, nicht nur Reichtum, sondern auch Gefahr. Die umgebende Natur bietet dem primitiven Menschen nur eine beschränkte Auswahl an Nahrungsmitteln. Sie sind für ihn von der Natur bestimmt, er verzehrt sie im ganzen und erhält alles, was er für seine Entwicklung und seine Gesundheit braucht. Als Folge dieser glücklichen Beschränktheit haben sich Völker durch die Jahrtausende gesund und leistungsfähig erhalten und ihren Rassetyp unverändert bewahrt. Dem zivilisierten Menschen steht eine fast unbegrenzte Auswahl an Lebensmitteln zur Verfügung. Und während bereits das einzelne Nahrungsmittel willkürlich und unkontrollierbar verändert ist, gilt diese Willkür für den Speisezettel des modernen Menschen in erhöhtem Maße: ihn bestimmt nicht mehr die Natur, sondern der Geschmack, die Wirtschaftlichkeit, die Technik, die Mode. Und der Mensch, den die freie Wahl seiner Nahrung so sehr gefährdet, ahnt diese Gefährdung nicht und greift sorglos nach dem Unzulänglichen. Die Folgen sind eine Vielfalt von Mangelerscheinungen und Konstitutionsverschlechterungen.

Es gibt keinen Weg zurück. Welche positiven Möglichkeiten aber gerade der moderne Mensch hat, wenn er sich bei der Wahl seiner Nahrung von biologischen Erkenntnissen bestimmen läßt, kann vielleicht am überzeugendsten an langjährigen Ernährungsversuchen mit Tieren gezeigt werden. Als Beispiel seien die Experimente von Sir *Richard McCarrison* angeführt.

McCarrison schied ein Volk von einigen tausend Ratten in mehrere Gruppen und fütterte jede Gruppe unter strenger wissenschaftlicher Kontrolle mit einer besonderen Nahrung. In der Gruppe mit der biologisch höchstwertigen Kost ereignete sich innerhalb von fünf Jahren kein Krankheitsfall, gab es als Todesursache nur Unfall und Alter, keine Todesfälle bei einer Geburt, überlebten sämtliche Jungtiere. Wie eindrucksvoll ist dieses Ergebnis, wenn man bedenkt, daß eine Zeitspanne von zwei Jahren für die Ratte ungefähr das gleiche bedeutet wie fünfzig Jahre für das Leben des Menschen! – In den anderen Gruppen der Ratten, die die gleiche Kost erhielten, wie sie bei den biologisch nicht ausreichend ernährten Völkern Indiens üblich ist, gab es in diesen Jahren der Beobachtung eine Vielfalt verschiedener Leiden und Degenerationserscheinungen.

Der englische Gelehrte folgert aus seinen Versuchen: „Allein durch den Wechsel der Bestandteile der Nahrung ist es möglich, im Tierexperiment willkürlich jeden Grad von Gesundheit hervorzurufen.“ [40])

Wie eindeutig sich eine mit Bedacht gewählte Nahrung beim Menschen auswirkt, hat unter anderen *Langstroth* bei mehr als 500 Patienten nachgewiesen. [38]) Er ließ sich von seinen Patienten weit zurückreichende Angaben über die Art ihrer Ernährung machen und verglich sie mit seinen klinischen Befunden. Bei allen Patienten, deren Kost arm an Schutzstoffen war, stellte er ein hohes Maß an Degenerationsleiden und vorzeitiges Altern fest. Und er erzielte unanfechtbar gute Erfolge, indem er den Vorgang gewissermaßen umkehrte und die Gesundung durch eine an Schutzstoffen reiche, an Kohlehydraten und Fetten arme Nahrung förderte.

Solchen Untersuchungen und Betrachtungen wird gelegentlich der Vorwurf der Einseitigkeit gemacht. Aber doch wohl zu Unrecht, denn sie führen ja keineswegs alle Krankheitserscheinungen auf Mängel der Ernährung zurück. Die Ernährung ist immer nur *ein*

Faktor unter vielen anderen. Und wenn der Nahrung eine schwerwiegende Bedeutung zugemessen wird, so liegt das weit weniger an der Einseitigkeit der Ernährungsforscher als an der Einseitigkeit der üblichen Zivilisationskost. Wäre unsere Kost biologisch vollwertig, so würde sie nicht bei so vielen Krankheitsvorgängen eine unheilvolle Rolle spielen, und die Medizin hätte weit weniger Anlaß, sich mit ihr zu beschäftigen.

In ähnlicher Weise zwingen auch unsere Nahrungsmittelwirtschaft und unsere Ernährungsgewohnheiten den einzelnen Menschen, sich eingehender mit diesen Fragen zu beschäftigen, als das notwendig wäre, wenn der biologische Wert unserer Durchschnittskost größer wäre. Wer nicht in den Bannkreis der Degenerationsleiden geraten will, muß schon im Hinblick auf die oft fragwürdige Qualität unserer Lebensmittel bemüht sein, nicht ein Mindestmaß, sondern ein Höchstmaß an Schutzstoffen mit der Nahrung zu sich zu nehmen.

Man kann eine Betrachtung über die durch die fortschreitende Degeneration gefährdete Menschheit nicht schließen, ohne jener zu gedenken, denen die Fürsorge der Völker anvertraut ist, der Regierungen und Parlamente. Ohne ihre Mitwirkung ist die Gefahr nicht zu bannen, auch wenn der einzelne Mensch sich dem Verhängnis einer unterwertigen Ernährung entziehen kann. Weder sollte man die Aufklärung über Bedeutung und Art einer vollwertigen Nahrung dem Zufall privater Initiative überlassen, noch dürfte man die Entwicklung der Nahrungsmittelwirtschaft in der einmal eingeschlagenen Richtung treiben lassen.

Wenn es sich bei den durch eine biologisch unterwertige Nahrung bedingten Ausfallerscheinungen nicht um so tückisch schleichende Geschehen handeln würde, ständen sie gewiß schon lange im Mittelpunkt der Aufmerksamkeit der Parlamente wie der Öffentlichkeit überhaupt. Aber wie der einzelne Mensch eine sich nur allmählich, Schritt für Schritt, bemerkbar machende Krankheit nicht ernst nimmt, bis sich plötzlich große und oft nicht mehr heilbare Schäden zeigen, so scheint es auch mit den Zivilisationsleiden bei den Völkern zu gehen. Der Schutzdamm, der von der Natur bestimmt ist, die immer drohenden Fluten von den Bezirken des Lebens fernzuhalten, zeigt an zahlreichen Stellen Schäden. Noch scheint es uns einfacher, die rieselnden Bächlein abzuleiten, das eindringende

Wasser durch Pumpen zu entfernen, als sich um den Zustand des ganzen Deiches zu kümmern. Aber ist das nicht ein sehr kurzsichtiges und kostspieliges Verfahren?

Wenn irgendwo in der Welt Hunger herrscht, so kann man Maßnahmen gegen ihn ergreifen. Wenn eine Epidemie ausbricht, so kann man sie bekämpfen. Mit diesen Feinden wird die organisierte Menschheit fertig, sobald sie sich zeigen. Aber *gegen* die Degenerationskrankheiten zu kämpfen, ist ein Schöpfen ins bodenlose Faß, man muß sie verhindern. Man muß sich darüber klar werden, daß es hier nicht um Fürsorge, sondern um Vorsorge, um Vorbeugen, um Verhüten geht. Wenn wir das Leck der Ernährungsschäden nicht abdichten, werden wir gezwungen sein, immer mehr und immer kostspieligere Pumpen einzusetzen, ohne von der Gefährdung befreit zu werden.

Das Gesundwerden ist kostspieliger als das Gesundbleiben. Unter den ausgesprochenen Zivilisationsleiden ist die Zahnkaries das anschaulichste Beispiel dafür, wie hoffnungslos es ist, gegen ihre Auswirkungen zu kämpfen, wenn man ihre Quelle nicht verstopft. Aber Ähnliches gilt für sehr viele andere Leiden. Und wenn es sich auch nur um eine Stärkung der Immunität handelte, die durch eine vollwertige Kost erzielt wird, so sollte das genügen, um sie als Bundesgenossen gegen den Verfall der Gesundheit einzusetzen. Greifen wir etwa den Krebs heraus.

Price hatte schon auf seinen Reisen gefragt, warum es unter Primitiven mit vollkommener Gesundheit keinen Krebs gebe. Fehlen die krebserregenden Stoffe oder sind in der Primitivkost Schutzstoffe vorhanden, die eine Immunität erzeugen? Einen Beitrag zur Antwort auf diese Frage hat der japanische Forscher *Nakahara* in Tokio geliefert. Er fütterte Ratten mit dem krebserzeugenden Stoff „Buttergelb“, gab ihnen aber gleichzeitig frische Leber. Die sonst eintretende Krebsbildung blieb aus. Weitere Versuche mit der Zufütterung von Hefe hatten ein ähnliches Ergebnis: auch hier führte das „Buttergelb“ nicht zur Krebsbildung. – Im Memorial Hospital in New York wurden diese Versuche wiederholt und dabei die in der Hefe enthaltenen Vitamine extrahiert, um festzustellen, ob einzelne Stoffe eine Schutzwirkung gegen „Buttergelb“ haben. Aber kein einzelnes Vitamin erreichte die Wirkung der Hefe. Bei

Abgabe von Hefe, Kasein und Riboflavin erkrankten nur 3% der mit „Buttergelb" gefütterten Ratten an Krebs. [26])

Mit diesen Erfahrungen ist das Problem der Krebsbildung natürlich nicht gelöst, sie bestätigen aber doch eindrucksvoll die immer aufs neue gemachte Beobachtung, daß je höher der Gehalt an Schutzstoffen in der Nahrung ist, um so günstiger auch die Voraussetzungen für eine hohe Immunität sind. Bei der Bildung der schützenden Antikörper kommt der Organismus ohne bestimmte hochwertige Eiweißstoffe, Vitamine und Mineralstoffe nicht aus. Sie können ihm im normalen Ablauf des Lebens nur mit der Nahrung zugeführt werden.

Die Überalterung der Bevölkerung ist für weitblickende Politiker ein Gegenstand der Sorge. Aber brauchte man sich darum Sorgen zu machen, wenn die Menschen bis ins Alter gesund und leistungsfähig bleiben würden? Sollte nicht die bedrohlich ansteigende Zahl der vorzeitig arbeitsunfähig werdenden Menschen weit mehr Grund zum Nachdenken geben? Nach der Statistik der Versicherungsgesellschaften scheiden in Westdeutschland die Versicherten heute schon durchschnittlich 12 Jahre vor Erreichung der Altersgrenze aus dem Berufsleben aus.

Eine Autorität wie *Sherman* ist der Ansicht, daß mit einem höheren Anteil von Schutzstoffen in der Nahrung der Mensch sich auch ein längeres Jungsein bewahrt. [60]) Und aus vielen Tierversuchen wissen wir, daß sich die Spanne der besten Jahre verlängern läßt und das Greisenalter hinausgeschoben wird, wenn die Schutzstoffe ein Vielfaches des Minimums betragen. Sollten nicht alle zu Wächtern der Gesundheit berufenen und alle an der Gesundheit interessierten Behörden, Organisationen und Gesellschaften sich tatkräftig dafür einsetzen, daß jedermann mühelos und sicher von biologisch hochwertigen Nahrungsmitteln leben kann? Es wäre der billigste Weg zur Vermeidung der Degenerationskrankheiten und wahrscheinlich der einzige, der zu einem entscheidenden Erfolg führt.

Der Mensch unserer Zeit ist noch so vielen anderen Zivilisationsschädigungen ausgesetzt und hat so vielen Anforderungen zu genügen, daß er ohnehin meist überfordert wird. Man sollte ihm wenigstens eine vollwertige Ernährung ermöglichen, diese unzweifelhafte Voraussetzung gesunden Lebens. Dann hätten wir keinen Grund zur Resignation.

NACHWORT

Als *Weston A. Price* im Jahr 1948, 78 Jahre alt, starb, zeigten die Nachrufe der Mediziner und Anthropologen, wie viel fruchtbare Anregungen die Wissenschaft ihm verdankt. Im Organ der amerikanischen „Academy of Applied Nutrition" hieß es: „*Price* hat uns von der Betrachtung des Blattes unter dem Mikroskop zur Schau des Waldes geführt, von der Untersuchung des einzelnen Sandkorns zur Erkenntnis der Wüste, von der Analyse der Krankheit zur Synthese der Gesundheit ..."

Price war ein Vorläufer seiner Wissenschaft, und ihm ist das Schicksal aller Einzelgänger in noch unerforschtem Gelände, Zielscheibe der Angriffe der ewig Gestrigen zu sein, nicht erspart geblieben. Aber er hatte den Mut, seinen Weg unbeirrt fortzusetzen. Und besonders in seinen letzten Jahren ist ihm dann auch wissenschaftliche Anerkennung in reichem Maße zuteil geworden. *Price* hat bis zuletzt seiner Aufgabe gelebt, eine 1948 erschienene Betrachtung über ein künftiges gesünderes und glücklicheres Geschlecht ist zehn Tage vor seinem Tode geschrieben *). Aber für eines seiner Anliegen, das ihm wahrhaft ein Herzensbedürfnis war, reichte auch seine lange Lebensspanne nicht aus. Es war ihm nicht beschieden, seine Erfahrungen und Erkenntnisse weitesten Kreisen zugänglich zu machen, sie zu einem Bestandteil des allgemeinen Wissens werden zu lassen. So hat er eine wissenschaftliche Erbschaft hinterlassen, die noch nicht zu voller Wirkung gelangt ist.

Hier hat der Autor dieses Buches seine Aufgabe gesehen. Wenn es sich um einzelne Krankheiten handelt, mag es genügen, wenn die Ergebnisse der Forschung in wissenschaftlichen Zeitschriften und Büchern den unmittelbar Beteiligten, den Ärzten und Wissenschaftlern, zugänglich sind. Aber wenn es um eine krankhafte Entwicklung geht, die ganze Völker gefährdet und die starke Antriebe aus

*) Journal of the Am. Academy of Applied Nutrition, 1948, Vol. 2

der persönlichen Lebensführung, aus der Wirtschaft und aus der Politik empfängt, dann ist auch der wissende Arzt allein dieser Macht nicht gewachsen. So strebt diese Darstellung an, das, was in den Bibliotheken ein verborgenes, wenigen bekanntes Dasein führt, einmal ins hellere Licht und ins Bewußtsein der Öffentlichkeit treten zu lassen und, so das Werk gelingt, eine Wirkung aufs Leben zu entfalten.

Bei der immer rascher werdenden Verwandlung der Welt ist *Price* vielleicht der letzte gewesen, der die Daseinsformen der primitiven Völker in solch weitem Ausmaß gesehen und aufgezeichnet hat. Dieser Teil seiner Erfahrungen wird immer dokumentarischen Wert behalten. Die Wissenschaft von der Ernährung schreitet indessen ständig fort und ist in manchem über die Ergebnisse von *Price* hinausgelangt. Vieles, was *Price* als erster erkannte oder entdeckte, wie z. B. den neuen Wirkstoff X in der Butter, ist inzwischen durch andere Forscher in unabhängigen Arbeiten bestätigt worden **). Manches erhielt durch neuere Forschungen eine andere Betonung oder einen anderen Platz im Mosaik unseres Wissens. Daher schien es dem Autor nicht möglich, seine Darstellung auf die Forschungen von *Price* zu beschränken. Weitverstreutes war miteinander in Beziehung zu bringen, um deutlich werden zu lassen, wie sehr diese Dinge uns alle angehen.

Zu Dank ist der Autor der deutschen „Gesellschaft Boden und Gesundheit" verpflichtet, die entscheidende Anregungen zu dieser Schrift gegeben, wichtiges Material zur Verfügung gestellt und die Genehmigung zur Reproduktion der Fotos von *Price* durch die American Academy of Applied Nutrition freundlich vermittelt hat.

Albert v. Haller

**) *Boer* u. a. in Nederland. Pijdschr. Geneerskunde, 1946, 90/552 (nach Annual Review of Bio-chemistry, 1947, vol. 16).

LITERATURHINWEISE

I. Veröffentlichungen von Weston A. Price:

1. Some contributions to dental and medical science. 1914.
2. Dental Infections, Oral and Systematic. Cleveland 1923.
3. Dental Infections and the Degenerative Diseases. Cleveland 1923.
4. Eskimo and Indian field studies in Alaska and Canada. 1936.
5. Control of dental caries and some associated degenerative processes through reinforcement of the diet with special activators. 1932.
6. New light on the control of dental caries and the degenerative diseases. 1931.
7. Seasonal Variations in Butter-Fat Vitamins and Their Relation to Seasonal Morbidity, Including Dental Caries and Disturbed Calcification. 1930.
8. Calcium and Phosphorus Utilization in Health and Diseases. 1929.
9. Nutrition and Physical Degeneration. 4. Auflage. Redlands 1945.

II. Veröffentlichungen anderer Autoren:

10. *Abderhalden, Emil,* Die Grundlagèn unserer Ernährung und unseres Stoffwechsels. Berlin 1946.
11. *Batchelder, E. L.,* Nutritional significance of vitamin A throughout the life cycle. 1934 (Am. Jour. Physiol. 109: 430/35).
12. *Batchelder, E. L.,* and *J. C. Ebbs,* Some observations of dark adaptation in man and their bearing on the problem of human requirement for vitamin A. 1944 (Am. Journ. Nutrition 27: 295/302).
13. *Bicknell, Franklin,* The English Complaint. London 1952.
14. *Bloch, C. E.,* Blindness and other diseases in children arising from deficient nutrition (lack of fat-soluble A factor) 1924 (Am. Journ. Dis. Children 27: 139 ff., 28: 659 ff.).
15. *Borgmann,* H., Statistische Erhebungen über die Häufigkeit der Behandlungsnotwendigkeit von Kieferfehlbildungen. 1954 (Zahnärztl. Mitt. Nr. 17, 587 ff.).
16. *Brash, J. C.,* The etiology of irregularity and malocclusion of the teeth. London 1930.
17. *Brehm, W.,* Potential dangers of viosterol during pregnancy with observation of calcification of placentae. Ohio 1937.
18. *Burke, B. S.,* Nutrition during pregnancy. A review. 1944 (Journ. Am. Dietet. Assoc. 20: 735 ff.).
19. *Campbell, H. L. (Pearson* and *Sherman).* Effect of increasing calcium content of diet ... 1943. (Journ. Nutrition 26: 323/5).
20. *Dierlamm, Alfred,* Kariesschwankungen bei Jugendlichen. 1954 (Zahnärztliche Mitteilungen Nr. 11: 375 ff.).
21. *Draper, G.,* Disease and the Man. New York 1930.

22. *Draper, G.*, Human Constitution. Philadelphia 1924.
23. *Drummond, J. C.*, The Medical Aspects of Decline of Population. 1938 (Journ. Am. M. A. 110: 908).
24. *Federov, N. A.*, (und andere), Untersuchungen des Mineralstoffwechsels im harten Zahngewebe mit Hilfe radioaktiver Indikatoren. Moskau 1953.
25. *Gaunt, W. E.*, u. a., A long-term experiment with rats on a human dietary. 1939 (Journ. Hyg. 39: 91/108).
26. *Gray, George W.*, The Advancing Front of Medicine. New York 1952.
27. *Hale, F.*, The relation of maternal vitamin A deficiency to micropht. in pigs. Texas 1937.
28. *Hart* and *Gilbert*, Vitamin A deficiency. 1933.
29. *Heim, Arnold*, Weltbild eines Naturforschers. 4. Aufl. Bern 1948.
30. *Hughes* u. a., Importance of Vitamin A and C... Kansas 1928.
31. *Hooton, E. A.*, Apes, Men and Morons. New York 1937.
32. *Hooton, E. A.*, An Anthropologist Looks at Medicine. 1936 (Time Nr. 27/73).
33. *Hoygaard, A.*, Some investigations into the physiology and nasology of Eskimos. Oslo 1937.
34. *Kibler, Max*, Der Turmbau zu Babel. Stuttgart 1955.
35. *King, C. G.*, and *O. Salthe*, Developments in the science of nutrition during World War II. 1946 (Am. Journ. Public Health 36: 879/82).
36. *King, C. G.*, Recent advances in the sience of nutrition. 1947 (Chem. Eng. News 24: 1524/23).
37. Kollath, Die Ordnung der Nahrung. 4. Aufl. Stuttgart 1955.
38. *Langstroth, L.*, Relation of American dietary to degenerative disease. 1929 (Journ. Americ. Medic. Assoc. 93: 1607 ff.).
39. *McCay, C. M.*, u. a., Nutritional requirements during the latter half of life. 1941 (Journal Nutrition 21: 45/60).
40. *McCarrison, Sir Richard*, Nutrition and Health. London 1953.
41. *McCollum, E. V.*, The Newer Knowledge of Nutrition. 5. Aufl. New York 1938.
42. *Leighton, G.*, and *P. L. Kinlay*, Milk, consumption and the growth of school children. Edinburgh 1930.
43. *Mann, Corry H. C.*, Diets for boys during the school age. 1926 London (Medical Research Council, Spec. Rep. Ser. Nr. 105).
44. *Marett, J. R. de la H.*, Race, Sex, and Environment, a Study in Mineral Deficiency. London 1936.
45. *Mason, K. E.*, Foetal death, prolonged gestation and difficult parturition in the rat as a result of vitamin deficiency. 1935 (Am. Journ. Anat. 57: 303).
46. *Meigs, E. B.*, and *H. T. Converse*, Some effects of different kinds of hay in the ration on the performance of dairy cows. 1933 (Journ. Dairy Sc. 16: 317).
47. *Mellanby, M.*, The role of nutrition as a factor in resistance to dental caries. 1937 (Brit. Med. Journ. 62: 241/52).

48. *Okun, A.*, Neue Therapie bei Erkältungen. 1955 (nach: Stuttgarter Zeitung, Medizin. Bericht Nr. 13, Nr. 62).
49. *Orr, P. O.*, The composition of the pasture. London 1929.
50. *Orr, J. B.*, *W. Thompson*, and *R. C. Garry*, A long-term experiment with rats on a human dietary. 1935 (Journ. Hygien. 35: 476/497; Chem. Abs. 30: 2616).
51. *Parran. T.*, Sickness survey. 1938 (Time 31/22).
52. *Pazurek, S.*, Die erneute Karieszunahme und ihre planmäßige Bekämpfung. 1953 (Zahnärztl. Mitt. Nr. 24: 720 ff.).
53. *Pazurek, S.*, Starker Kariesanstieg, seine Ursache und Bekämpfung. 1955 (Zahnärztl. Mitt. Nr. 1: 12/15).
54. *Pedersen*, P. O., Investigations into dental conditions of about 3000 ancient and modern Greenlanders. 1938.
55. *Pottenger, Francis M.*, and *D. G. Simonsen*, The effect of heat-processed foods and metabolized vitamin D milk on the dentofacial structures of experimental animals. 1946 (Am. Journ. Orthodont. and Oral Surgery, 1946).
56. *Renner, Hans*, Ernährungsgebräuche. Wien 1947.
57. *Sherman, H. C.*, Chemistry of Foods and Nutrition. New York 1933.
58. *Sherman, H. C.*, Nutritional Improvement in Health and Longevity. 1936 (Scientific Monthly 43: 97).
59. *Sherman, H. C.*, Calcium and Phosphorus in Foods and Nutrition. 1947 New York.
60. *Sherman, H. C.*, The Nutritional Improvement of Life. 2. Aufl. New York 1952.
61. *Sherman, H. C.*, and *McLeod*, The relation of Vitamin A to growth, reproduction and longevity. 1925.
62. *Stare, F. J.*, Nutrition and resistance. 1943 (Ann. Internal Medic. 19: 735/40).
63. *Tredgold, A. F.*, Mental Deficiency. 5. Aufl. New York 1929.
64. *Warburg, Otto*, Vortrag vor dem Zentralausschuß zur Bekämpfung des Krebses. Stuttgart 1955. (Über die Entstehung der Krebszellen.)
65. *Weisman, S. A.*, Correlation of the positive reaction to tuberculin and the shape of the chest. New York 1937.
66. *v. Weizsäcker, Viktor*, Der Begriff d. allgem. Medizin. 1947.
67. *Carrel, Alexis*, Der Mensch — das unbekannte Wesen. Deutsche Ausgabe. Stuttgart 1950.
68. *Benedict, R.*, Patterns of Culture. New York 1934.
69. United States Department of Labor. Statistic Bulletins United States Department of Agriculture. Bureau of Home Economics. Bulletins.
70. *Laird, D.*, The tail that wage the nation. 1935 (Rev. of Revs. 92: 44).
71. University of Missouri. Bulletin No. 265 (Zitat nach *Price).*
72. *Barie, M. M.*, Nutrition anterior pituitary deficiency. Biochem. Journ.
73. *Fourastié*, Le grand espoir du XXe siècle. Paris 1952 (Deutsche Ausgabe 1955).
74. *Cremer, Hans-Dietrich*, Ernährungsfaktoren in ihrer Bedeutung für die Entstehung der Zahn-Karies. 1952 (Zahnärztl. Mitt. Nr. 10/245 ff.).